一粒米，是稻子獻給人類的庇蔭，
一次豐收，是聚集眾人努力的累積。
本書僅描述臺灣稻米史上部分的精采故事，
更多的稻米奇蹟，還待發掘傳述。

臺灣稻米奇蹟

漫畫／夜未央 MiO
內容企劃／張容瑱

遠流

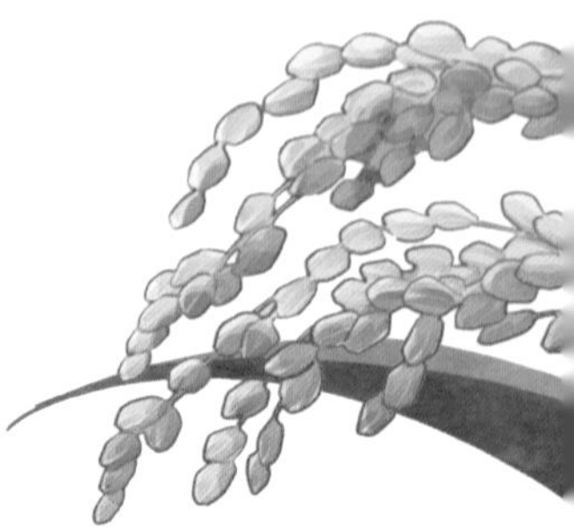

名家推薦

輕鬆閱讀，知性學習

《臺灣稻米奇蹟》是一部精采的故事，對於少年學子在短時間內認識稻米這種農作物有莫大的幫助，這本漫畫書將幾件歷史上的重大事件濃縮，讓讀者透過閱讀，對臺灣稻米的改良過程有相當程度的認識，相信亦能引發讀者強烈的興趣，繼而做更深入的探究。

蓬萊米改良的故事相當精彩，有三個主要原因，一是當年對稻米產業改良方向的爭執，也就是藤根吉春與長崎常之爭。二是蓬萊米栽培成功的關鍵——秧苗期長短，這是偶然的發現，卻影響深遠。最後是神奇而且神祕的光鈍感基因，這個基因來自臺灣山地陸稻，在當年稻米改良的過程中，鬼使神差的滲入雜交育種的稻株，使得日本型水稻終能在臺灣生根，但這個神祕事件卻是在八十年後，才被中央研究院的邢禹依教授解密！

科學少年編輯部將上述重要事件以細膩的畫筆呈現出來，甚至精確描繪出目前已不存在的農業試驗所建物，真是令人讚歎！歷史故事的情節、發生地點也透過米嬸、小范、阿水及阿道這四位人物，在享用米食及輕鬆的對話中勾勒出來，而不淪於純粹的說教，真是上乘的手法。

磯永吉與末永仁兩位專家改變了臺灣稻米的食味，貢獻良多，過世後獲得後人尊稱為「蓬萊米之父」與「蓬萊米之母」。書中也介紹了水稻的半矮性基因，它與光鈍感基因都是神奇的基因。一九六〇年代農業學家諾曼・布勞格引領的綠色革命，也是靠著小麥植株的「半矮性基因」才能成就其功。

書中最後一部分提到的余淑美博士，致力於建立水稻突變種原庫，這對水稻基因改良有其重要。但水稻的研究與改良不限於基改，在臺灣有許多致力於有機農業發展的研究者與志士，為臺灣稻米帶來更多可能性，當中藏有不少精采的故事。

我認為這本書不只富有趣味性，也富有知性，能啟發少年學子，引領他們未來進入農作物科學的領域，這是很有價值的讀物，特此推薦。

臺大農藝學系退休教授 **彭雲明**

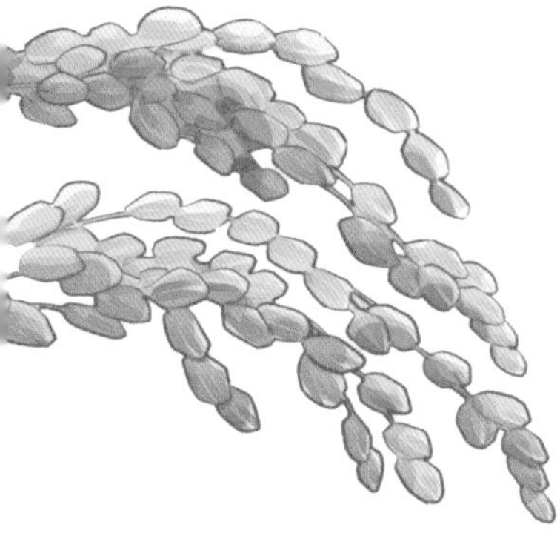

▲ 11 月初，稻子熟了。嘉義鹿草田區，臺南 11 號水稻。

▲各種顏色的米。

▲稻花小小的，每朵有兩瓣穎殼，花開時可見伸出的六個雄蕊與藏在其中的雌蕊。

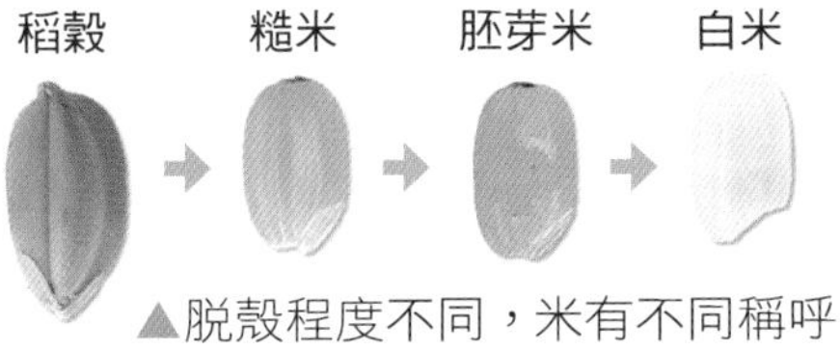

▲脫殼程度不同，米有不同稱呼。

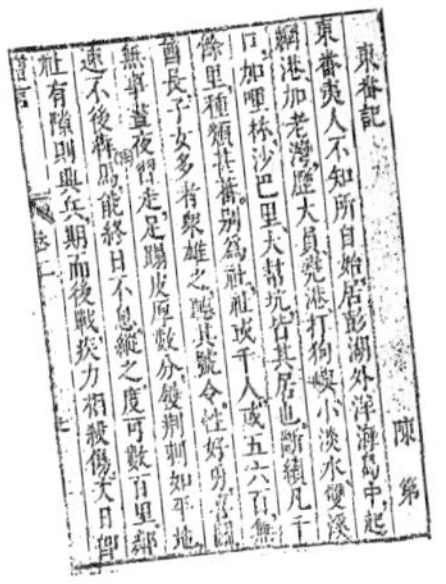
東番記　　陳第
東番夷人不知所自始，居彭湖外洋海島中，起
魍港、加老灣，歷大員、堯港、打狗嶼、小淡水、雙溪
口、加哩林、沙巴里、大幫坑，皆其居也，斷續凡千
餘里，種類甚蕃，別為社，社或千人或五六百，無
酋長，子女多者衆雄之，聽其號令。性好勇喜鬬，
無事晝夜習走，足蹋皮厚數分，履荊刺如平地，
速不後犇馬，能終日不息，縱之，度可數百里，鄰
社有隙則興兵，期而後戰，疾力相殺傷，次日即

◀明朝的陳第在 1603 年寫作《東番記》，為描述臺灣地理與原住民人事的雜記，是現存較為早期漢人對臺灣的記錄文獻。

▲水牛曾是臺灣農村最普遍的風景。

◀早期為了引水，會以籐、鉛絲紮木或竹條做成壩籠，叫做「笱」，內填石塊後堆疊在溪中攔水。圖為 60 年前雲林農田水利會以笱攔水的情景。

▲彰化二水的林先生廟。相傳彰化八堡圳在成立之初，曾受惠於林先生的指導，才終於取水成功。

▶彰化八堡圳每年都會舉辦祭典緬懷先人對農業的貢獻，現在還結合了體育活動成為「跑水馬拉松」，是當地一大特色。

▲磯永吉教授完成許多稻米研究的舊高等農林學校作業室，位在現今臺灣大學公館校區，名為「磯永吉小屋」，屋內展示不少早期的研究工具。

▼1916 年臺中州農事試驗場中研究人員埋首工作的模樣。最右邊身穿白色衣服的為磯永吉，最左邊身穿黑衣服者為末永仁。

▲磯永吉小屋內的研究工具。上為田中氏穀粒硬度測定計，將穀粒夾在測定檯上，利用上方旋鈕加壓直到穀粒破裂，即可測得穀粒硬度。下為種子篩，每層網篩的孔洞大小與形狀皆不同，可分離不同種子。

◀打穀機，又稱脫穀機。水稻收割後，藉由這種農具將稻穀與莖稈分離。

◀1931 年陽明山竹子湖蓬萊米原種田的樣貌。這裡是日治時代試種日本稻的重要場地，也在蓬萊米的育種過程中扮演重要角色。下方為竹子湖現貌，過往田區依稀可見。

▶國家作物種原中心的不鏽鋼抽屜裡保存了 600 多萬顆種子，包括水稻。這些種子在溫度與溼度的控制下可保存百年。中心裡也保存了不以種子繁殖的植物（最右），如地瓜、山藥、百合等。

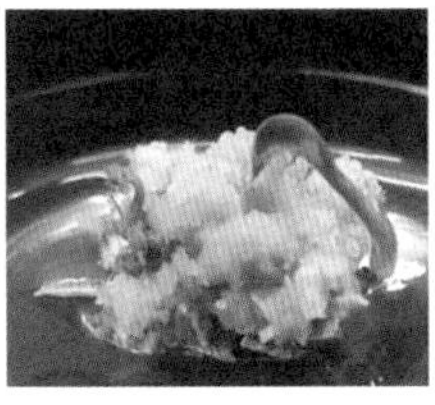

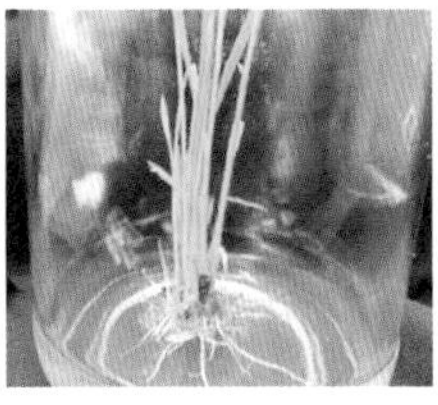

◀實驗室的水稻基因研究，以人工方式將來源不同的基因植入水稻並培育幼苗，再進行篩選。

目錄

1 從旱稻到水稻

米嬸早
好啦，你們三個！
阿水
阿道
小范
快來幫米嬸試吃看看！
要是好吃，我要改賣早午餐了！

哇，有好多道！吃起來都不一樣。
呵呵！我每道料理用的米可都不一樣。
用有點黏的蓬萊米做滷肉飯，香甜Q彈。
不黏的在來米做炒飯，粒粒分明。
很黏的糯米做飯糰，不會散掉。
為什麼米會不一樣啊？
查一下就知道了。
米的主要成分是澱粉。直鏈和支鏈澱粉的含量會影響米飯的口感，支鏈澱粉含量愈高，米就愈黏。
小范的知識狂性格又出現了。
米粒的外型和透明度也都不一樣。
蓬萊米
在來米
長糯米
圓糯米

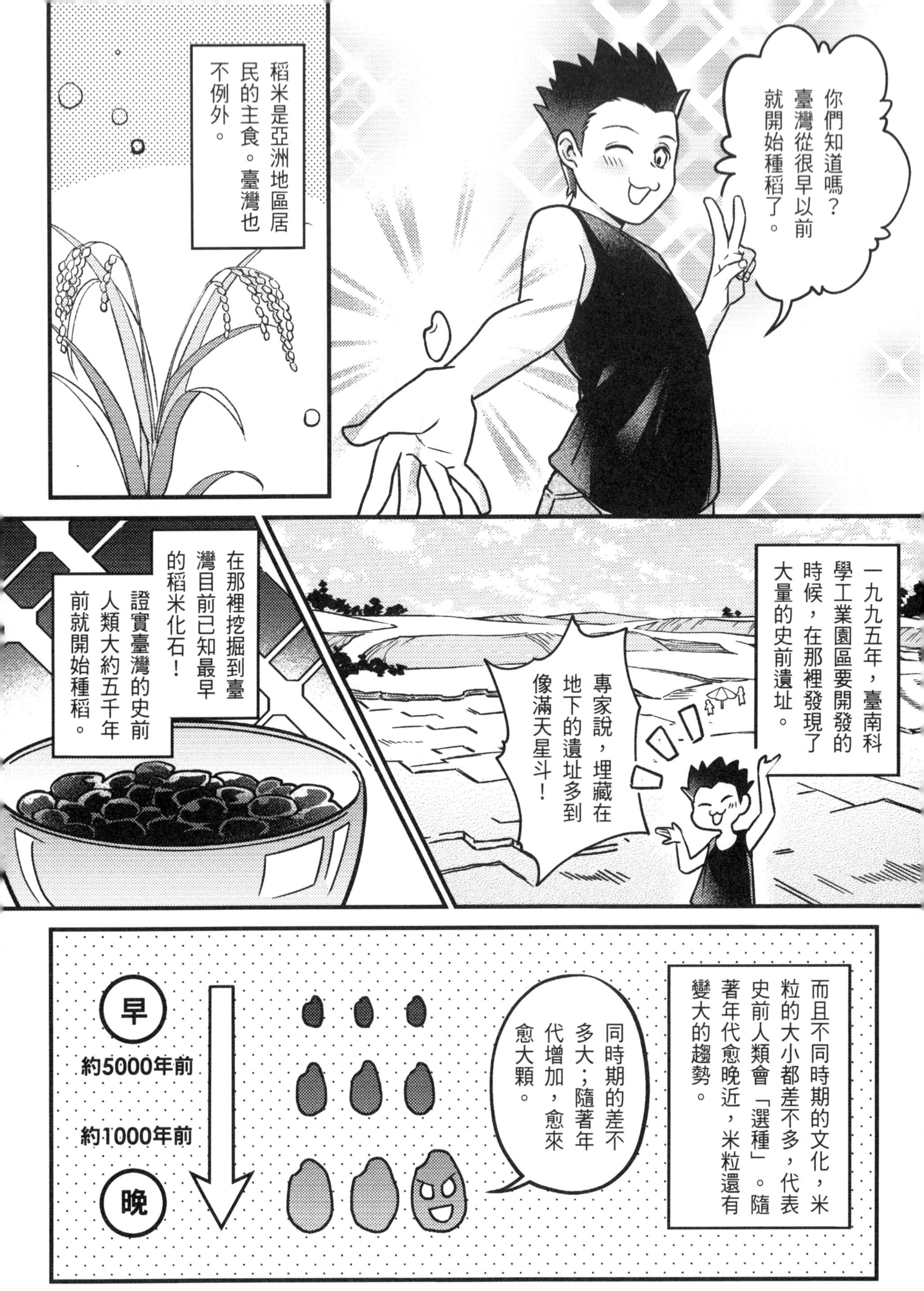

你們知道嗎？臺灣從很早以前就開始種稻了。
稻米是亞洲地區居民的主食。臺灣也不例外。
一九九五年，臺南科學工業園區要開發的時候，在那裡發現了大量的史前遺址。
專家說，埋藏在地下的遺址多到像滿天星斗！
在那裡挖掘到臺灣目前已知最早的稻米化石！
證實臺灣的史前人類大約五千年前就開始種稻。
而且不同時期的文化，米粒的大小都差不多，代表史前人類會「選種」。隨著年代愈晚近，米粒還有變大的趨勢。
同時期的差不多大；隨著年代增加，愈來愈大顆。
早
約5000年前
約1000年前
晚

就像米嬸會挑選米，以前的人也會選出自己喜歡的稻米，留起來做為稻種！
點頭！
這些有文字記載嗎？
沒有。要到四百多年前才有文字記載。
當時居住在臺灣平原的是平埔族。
他們種植稻米做為糧食，也用來釀酒。
燒
他們採用燒墾、游耕的方式耕種。
清除草木後放火焚燒，把灰燼當做肥料。
耕種一段時間後，就換地方燒墾。

撒！
嘿咻！
耕種的工作由女性負責。
種的是耐旱的旱稻，直接把稻種撒播在田裡。
收成時徒手採拔稻穗，然後綑綁成束。
男生都在幹嘛？
男性負責打獵。
喝！
採收下來的稻穗倒掛在通風良好的穀倉中乾燥。
咚！
咚！
要吃的時候才舂米去除稻殼，蒸煮成米飯。

這種自給自足的耕種方式，隨著漢人的到來而改變了……
後來呢？
嘿嘿！
後來我就不知道了！
阿水，你不知道話只講一半，會讓我超煩躁的嗎？
要阻止他們嗎？
不用。小范就是這樣。
火大！
嗚哇！小范你冷靜一點！
漢人移民的事我倒是知道一些。
阿道，還是你比較可靠！
丟

從一六三〇年代開始，福建一帶的漢人大量移入臺灣。
福建省
泉州
漳州
汕頭
廣東省
我祖先就是當時來的。
阿道的祖先
有點帥欸！
但不是只有他，還有很多人……
祖先
哇啊——
臺灣的勞動力迅速增加，除此之外……
也引進了牛隻和犁具，利用獸力來耕田。
還有鋤頭、鐮刀等各種農具。

方便又省力的農具擴大了耕地面積。
漢人也帶來他們的種稻方法，不是直接撒播稻種，而是先育苗再插秧。
漢人帶來的「秈稻*」也成為主流。
我有個問題……
漢人種稻的方式需要大量的水，水從哪裡來？
水田……
天啊！
對欸！

* 就是俗稱的「在來米」。

這個你們年輕人就不知道了吧！
以前會挖井、挖埤塘蓄水來灌溉農田。
但是這樣的水源不穩定，沒辦法擴大耕地。
於是開闢水圳來解決問題。
水圳就是人工挖鑿的渠道，把河水引到農地裡。
說到水圳，就要提到一個大人物，他是清朝時期彰化的開墾大戶……

就是大名鼎鼎的施世榜先生！
誰啊？
？
！
一個有勇氣挑戰臺灣最長河流濁水溪的男人！
為了解決灌溉的問題，他想修築水圳……
在這片平原耕種都要看老天爺的臉色。
唯有開闢水圳，引濁水溪的溪水來灌溉，才能夠解決問題。

喔？
關於施世榜，我也有故事可以說唷！
嘻嘻！
是鬼故事！
呀啊！
不恐怖啦！
施世榜從一七〇九年開始挖鑿水圳。可是溪水卻怎樣也引不進渠道裡……
乾
真糟糕！
如果放棄了，彰化怎麼辦？
引不到水嗎？

神祕人傳授他們導水的方法。
讓我來協助你吧！
先用竹子做出漏斗狀的壩籠。
在壩籠裡填裝石塊，堆疊成壩，就可以攔阻溪水，把溪水引入渠道裡。
請務必告訴我們您的大名！
就稱呼我林先生吧！呵呵！

歷時十年，彰化八堡圳終於完工了！
八堡圳的圳路渠道灌溉了廣大的農田。
彰化地區的耕地擴大，稻米產量也迅速增加。

沒錯，之後米食愈來愈豐富！
也才有今日的我！
所以，你們決定哪個比較好吃了嗎？
！！
我是西餐派。
我是速食愛好者……
我中午都吃麵。
米嬸早餐店
你們三個小壞蛋！來白吃白喝啊！

隨著各地水利設施的完備……
瑠公圳引新店溪的溪水灌溉臺北盆地。
曹公圳引高屏溪的溪水灌溉高雄地區。
臺灣的耕地從旱田轉變成水田，稻作從粗耕的旱稻轉變為精耕細作的水稻。
接下來，臺灣的稻米又會發生什麼重大的改變呢？

2 日本稻來臺灣

不行！
我受不了啦！
啊—！
插秧真是累死我了啦！
阿水，你真是吃不了苦！
看看小范！
那女生好厲害！
速度好快！
不要把瘦弱的我和她比。

大家插秧辛苦了！快來用餐吧！
謝謝米嬸！
好豐盛！
嗚嗚！今天真的好累。
本來以為來陽明山竹子湖是要採海芋的……
採海芋好玩多了！
插秧很辛苦，但是將來會有收穫的快樂。
呵呵！我是特地帶你們來竹子湖的。
這裡以前是蓬萊米的原種田喔！海芋是後來才開始種的！
原種田是什麼？
就是栽培稻種的地方。
種出來的稻子不是拿來吃，而是供應給農民種植。

1894～1895年
中日甲午戰爭
一百多年前，中國和日本爆發戰爭。
中國戰敗，與日本簽署了割讓臺灣的條約。
清朝政府全權大臣李鴻章
日本首相伊藤博文
1895年
簽訂「馬關條約」
臺灣成為日本的殖民地，由日本統治。
日本設立臺灣總督府來治理臺灣。
日本統治臺灣五十年。
1895～1945年
日治時期
總督府的經濟政策是：
農業臺灣
工業日本
臺灣生產的稻米要供應給日本。
第四任總督
兒玉源太郎
任期一八九八～一九〇六年

這是什麼米飯？好難吃！
怒
可是，日本人吃不慣臺灣的米飯。
為什麼？我覺得米糖煮的米飯超好吃的呀！
哈哈，以前和現在的品種不同啦！
當時臺灣種的稻米是秈稻，稱為「在來米」。
秈
吃起來鬆散乾硬。
日本的稻米為「稉稻」，吃起來溼軟Q彈。
稉
吃起來口感差很多！
如果要供應給日本，就必須符合日本人的口味。
這個問題不容易解決啊……
米性難移，如同人性難改！
只好勇敢吞下去了！
他們有想辦法啦！
才不像你！

當時有兩派主張……
藤根吉春
直接把日本稻拿來種就好了！
懂什麼啊！改良臺灣在地既有的品種比較簡單！
長崎常
兩方面都很努力，但是……
怎麼會這樣？選拔出來的在來米品種都不好吃，嗚嗚！
怎麼會這樣？日本稻不適應臺灣的氣候，只能種在北部山區。
在來米就是比較乾硬！
品種一
品種二
聽起來是沒辦法了。
最後是怎麼解決的？
聰明的小范請告訴我！
阿水，遇到問題當然是靠科學家來解決啊！

為你介紹臺灣稻米改良的關鍵人物——
呵呵！
磯永吉和末永仁先生！
兩人為了稻米改良，離鄉背井來到臺灣。
末永仁一九一〇年來臺、磯永吉一九一二年來臺。
當時總督府的政策以「在來米改良」為主流，選拔出米粒形狀類似日本稻的品種，可混入日本米中販售……
日本米
混合

磯永吉來到臺灣，任職於總督府農事試驗場，在政策的主導下，投入在來米的研究。
磯永吉
1886～1972年
我是大學農科畢業，育種改良是我的本科。
臺灣總督府農事試驗場
粒型、大小
穗長
分蘗*
主莖
分蘗
雖然在來米選拔出粒型接近日本稻的品種，可是口感還是比不上日本米。
磯永吉想了解在來米的品質有沒有改良的空間，於是用科學的方法整理、分析五百多種在來米品種。
在來米的品種很雜亂，從來沒有人做過整理分析……
*稻子的莖所分生出來的分枝，稱為「分蘗」。稻子的有效分蘗愈多，長成的稻穗也愈多，產量就愈高。

要計算出各品種之間相似和差異的程度，非常繁複。
而且當時只有機械式計算機。
沒有電子零件，只有槓桿和齒輪等機械零件呢！
要統計的資料實在太多了……
算得好累！
下班來去喝一杯放鬆一下。
永吉，你多喝一點。
不行，喝太多明天計算會出錯，我喝兩杯就好。
真可惜！辛苦你了！
數年後，磯永吉有了初步的結果：在來米很難有口感接近日本米的品種，品質無法突破，只有引進日本稻才能解決問題。
只能寄望日本稻了！

日本稻不是只能種在臺灣北部山區嗎？
要怎麼推廣到全臺灣？
臺灣的氣候跟日本不一樣，我有點水土不服……
剛剛不是提到兩個人嗎？
呵呵！
另一位是末永仁先生，他解決了這個問題！
我是農校畢業，也是學農的……
末永仁
1886～1939年
一九一五年，兩人先後調到臺中州農事試驗場*。
磯永吉負責理論，末永仁配合進行試驗。
兩個人雖然個性不同，卻能相輔相成。
末永仁是非常勤奮的人。
一大早就到試驗田工作，晚上又在宿舍研究。

* 現在的臺中區農業改良場。

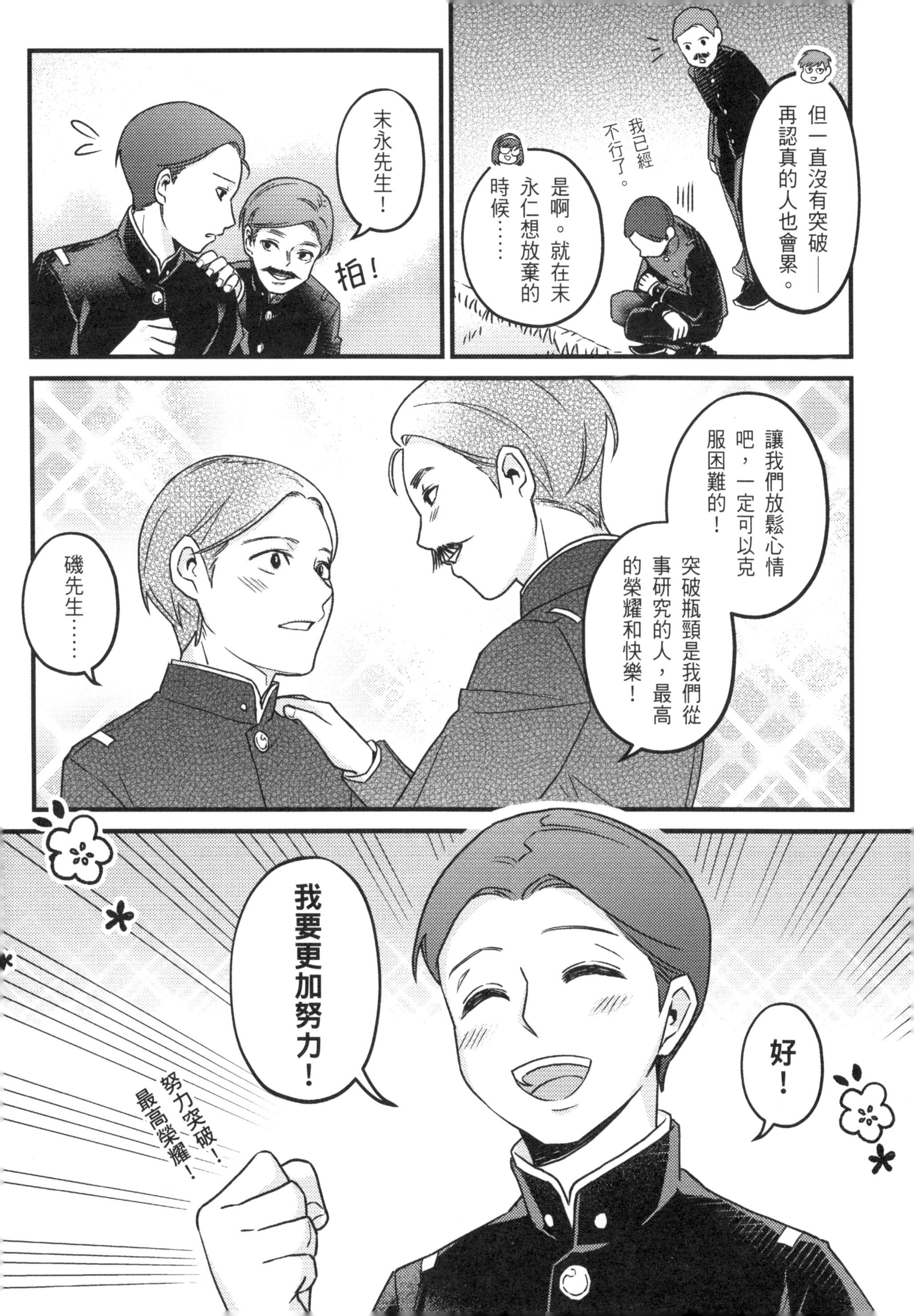
但一直沒有突破——再認真的人也會累。
我已經不行了。
是啊。就在末永仁想放棄的時候……
末永先生！
拍！
讓我們放鬆心情吧，一定可以克服困難的！
突破瓶頸是我們從事研究的人，最高的榮耀和快樂！
磯先生……
好！
我要更加努力！
努力突破！最高榮耀！

在一九一九年的試驗中，末永仁發現稻子抽穗的時間特別早。
！
調查發現，這批稻子由於乾旱而比較晚插秧，秧苗在苗圃的時間比平常久。
問題難道是出在秧苗？
末永仁把不同秧期的秧苗拿去試種……
秧期短的秧苗，插秧後長得好而且抽穗整齊；老的秧苗抽穗會提早且不整齊。
糟了，又亂抽穗！
老熟的秧苗抽穗
長得好且同時抽穗！
幼嫩的秧苗抽穗
末永仁發現，育苗的時間長短是日本稻栽種的重要關鍵。
縮短秧期，日本稻就能在臺灣平地種植。
幼嫩的秧苗就拿去田裡插秧，不要放到過熟！

數年後，末永仁找到日本稻最適合的秧期，提出「幼苗插植法」。
第一期作*的秧期由六十天改為三十天、第二期作由三十天改為十七天，
日本稻就能正常生長、抽穗整齊、產量穩定，推廣到臺灣各地。
趕緊來種！
種日本稻可以用更好的價錢賣到日本！
萬歲！
我們成功了！
但這整件事跟竹子湖有什麼關係？
又不是在這裡研發出來的。
哼哼！
竹子湖被選為日本稻的原種田！
為了確保稻種的品質和純度，需要一個好地方專門種植稻種……

* 在臺灣，水稻一年可以栽種兩次。一年中的第一次栽種，稱為「第一期作」；第二次栽種稱為「第二期作」。

當時的臺北州農務主任平澤龜一郎發現陽明山竹子湖的氣候很接近日本九州……
九州
平澤龜一郎
而且水田周圍有丘陵圍繞，具有隔離作用，可避免品種雜交和病蟲害傳染。當地水量充沛、水質佳，灌溉很方便。
竹子湖種出來的稻子病蟲害少、發芽率高、發芽整齊，是培育稻種的優良場所。
一九二三年，竹子湖成為日本稻的原種田，
用來種植日本稻，提供優良、純淨的稻種給各地農民使用。

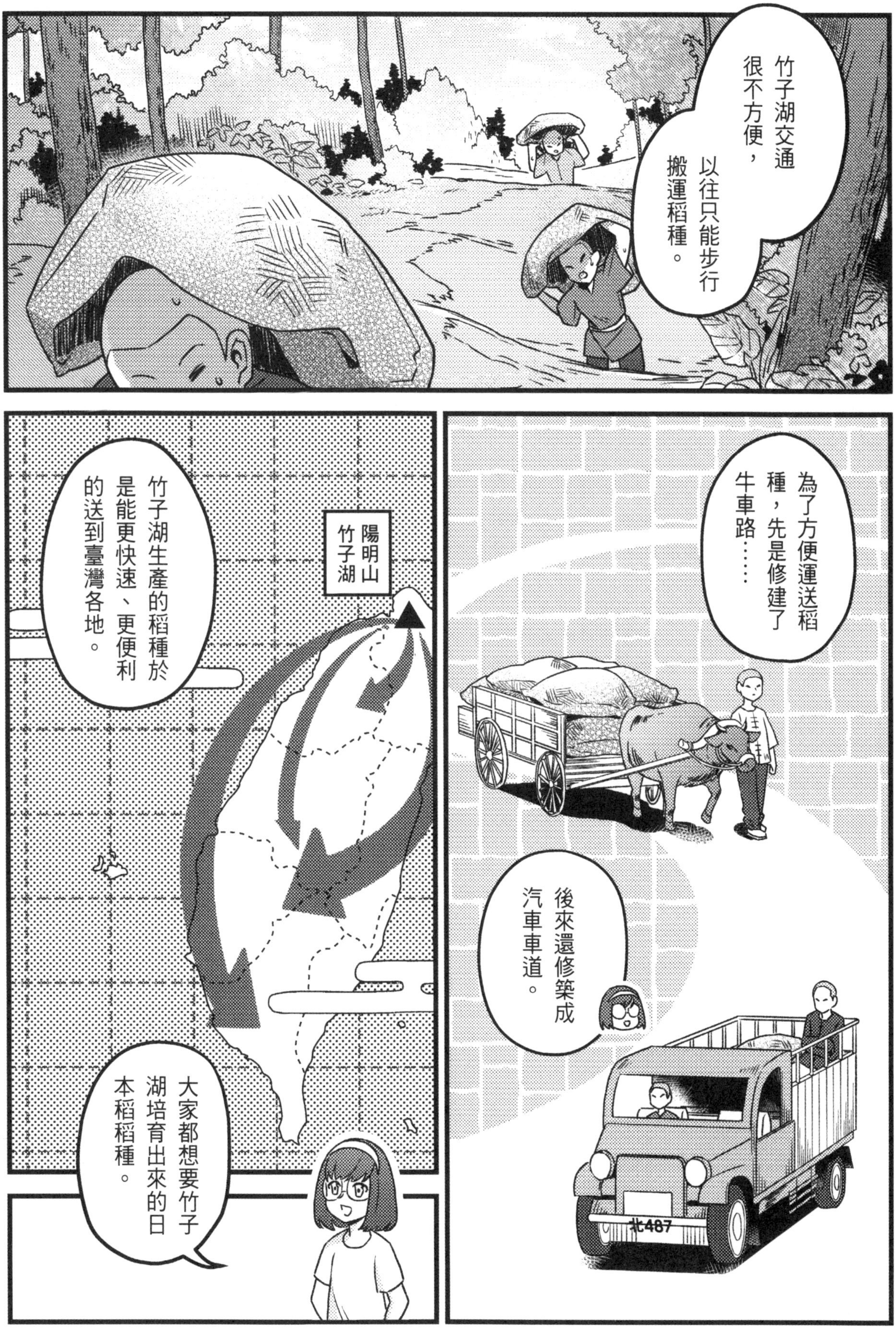

竹子湖交通很不方便，以往只能步行搬運稻種。
為了方便運送稻種，先是修建了牛車路……
後來還修築成汽車車道。
北487
陽明山竹子湖
竹子湖生產的稻種於是能更快速、更便利的送到臺灣各地。
大家都想要竹子湖培育出來的日本稻稻種。

我們現在吃的米，是很多人努力出來的。
栽種方式不斷調整、品種也一直改良。
要好好珍惜這份美味！
小范趁機吃光飯糰了！
嚼！
經過二十多年的努力，日本稻終於在臺灣落地生根。
之後更成為臺灣稻作的主流。
等一下要去參觀「竹子湖蓬萊米原種田故事館」。
快吃吧！
我正在發育，需要營養！
日本稻是怎樣獲得「蓬萊米」的稱號呢？蓬萊米中又有什麼傳奇的品種呢？
竹子湖蓬萊米

3 蓬萊米登場！

這裡好棒啊！
這裡是臺大農場，美景配壽司很棒吧？
是啊！而且壽司的米飯雖然是冷的，還是很好吃！
因為米嬸用的是稉米啊！
在磯永吉和末永仁的努力下，臺灣的稻作以日本稉稻為主流啦！
縮短秧期讓稉稻可在臺灣平地種植。
在竹子湖設立原種田，提供稻種。
是是是！
去過竹子湖蓬萊米原種田故事館之後，阿水一直這樣呢！
很愛講！
哼，我多少也學了點東西啊！

那我來考考你，臺灣種的梗稻為什麼叫蓬萊米？
呃，這個……
逛到後來太累了，沒有看到這個……
上次在蓬萊米原種田故事館……
不能怪我！
插秧實在太累了，沒辦法好好學習。
請告訴我蓬萊米的由來！
真拿你沒辦法！
原來只知道前半段！
「蓬萊米」可是當年推廣臺灣米最強的廣告詞喔！
蓬萊米

日本稉稻在臺灣種植成功，總督府的政策轉變成以培育稉稻為主。
為了推銷臺灣生產的稉稻，需要一個響亮的名稱。
當時正好即將要舉辦「大日本米穀大會」，是向日本米商宣布名稱的好時機！
總督府請我建議名稱，我提供三個……
磯永吉
蓬萊米
來自蓬萊仙島的米。
臺灣有「蓬萊仙島」之稱。
新臺米
新種的臺灣米。
新高米
指的是「新高山」，
也就是玉山，
當時日本統治區內
海拔最高的山。
當時的總督
伊澤多喜男
三個都很不錯，都可以代表臺灣……
選好記又有特色的吧！

一九二六年，第十九屆大日本米穀大會在臺北鐵路飯店召開。
嘩！嘩！
各位來賓，現在宣布重要消息！
殖產局長 片山三郎
總督已經選定，以後臺灣米就叫做——
蓬萊米！
賣到日本就用這個名稱來宣傳！
讚啦！
名稱響亮喔！

原來如此，之後臺灣生產的粳稻都叫蓬萊米了！
懂了！
沒錯！那你知道蓬萊米中最厲害的品種是什麼嗎？
為你介紹蓬萊米中的超級明星——
臺中六十五號
臺中六十五號產量多、適應力強。
一般的粳稻一年只能種一次，臺中六十五號卻可以栽種兩次！
是不是很夢幻！
好厲害！這個品種是怎麼誕生的？
哈哈，當然是來自科學家努力的成果呀！
臺中六十五號主要是末永仁歷經數年培育出來的。

日本粳稻品種：龜治
接受花粉、孕育種子
日本粳稻品種：神力
提供花粉
X
從後代中選拔出新品種：
臺中六十五號
它是用兩種日本粳稻品種雜交而來的。
很酷吧？
一年種一次
龜治 X 神力
一年種一次
臺中六十五號
一年種兩次
等等，為什麼一年只能種一次的粳稻，後代可以一年種兩次？
後代和親代不一樣……
是不是哪裡怪怪的？
醜小鴨變天鵝？
事情的真相究竟是怎樣……讓小范告訴你！

日本稉稻對日照長短非常敏感，要適當的日照才長得好。
所以一年只能種一次。
但臺中六十五號不受日照長短影響。
什麼時候種都可以！
原來是它「感應日照長短而抽穗開花」的基因，和龜治、神力不一樣！
喔——所以它其實不是龜治和神力的後代！
嘿嘿！
近年來有科學家找到答案喔！
原因在於臺中州農事試驗場的試驗田。
末永仁進行雜交育種時……
當時旁邊還種了來自山地原住民部落的旱稻。
就這麼剛好，旱稻的花粉就這樣混進去了。*

* 稻子會使用自己的花粉授粉，為「自交植物」，但在自然環境中還是有可能接收到其他稻子植株的花粉而雜交。

龜治
神力
X
旱稻 1
旱稻 2
科學家比對臺中六十五號的基因，發現它其實帶有四種品種的基因。
臺中六十五號
感應日照而抽穗開花的基因，其實是遺傳到旱稻的。
臺中六十五號一度成為臺灣栽培面積最廣的品種。
育種學家也很愛用它來雜交，使得它成為大多數臺灣稉稻品種的祖先。
真是多虧了末永仁培育出這麼優秀的品種！
可惜他很早就去世了……

末永仁致力於臺灣的稻作改良，被稱為「蓬萊米之母」。
一九三七年，末永仁受邀前往婆羅洲北部指導稻作。
婆羅洲位於東南亞，是世界第三大島。
有赤道橫貫，終年高溫多雨。
末永仁在這裡感染了結核病。
種稻子時要注意……
好！
咳！
咳！
最近身體不舒服……
也許回臺灣就好了吧？

末永仁回到臺灣，一邊工作一邊休養。
還有好多事要做，得趕快起來才行……
倒
場長*你要好好休養啊！
一九三九年，末永仁在試驗田裡工作時倒下去世。
享年五十三歲。
之後，農事試驗場設立銅像來紀念他，可惜後來遺失了。

＊末永仁於一九二七年升任臺中州農事試驗場場長。

嗚嗚！末永仁好可憐！
居然——
哭了！
但是磯永吉很長壽！
今天就是特地來參觀紀念他的古蹟。
走吧！
哇！這棟老房子也太酷了吧！
臺大農場
磯永吉小屋
阿道，我們趕快進去！
走吧！
……
阿水的眼淚比我的口水還不值錢。
心情轉換真快……

哇！這裡保留了好多研究稻米的儀器。
阿道？
拍照！
喀嚓！
喀嚓！
抱歉，我太喜歡歷史文物了！
羞！
今天才知道！
這棟房子建於一九二五年，見證了臺灣稻作的發展……
裡面還有好多文物！

這棟房子原本隸屬於總督府高等農林學校，後來併入臺北帝國大學*。
是學生到農場實習時，準備材料和工具的地方。
不只要上課，還要種田實習，真辛苦。
這裡留下很多珍貴的文物，還發現了磯永吉的手稿！
因為除了研究和推廣之外，磯永吉也在臺北帝國大學擔任教授。
他為臺灣培育許多農業人才。
光復之後，磯永吉留在臺灣工作，直到七十一歲才退休回日本。
畢生為臺灣奉獻心力。

* 現在的國立臺灣大學。

他被稱為「蓬萊米之父」。
一九七二年，磯永吉以高齡八十五歲在日本逝世。
為了感謝他對臺灣農業的貢獻——
1200 公斤
政府每年贈送他一千兩百公斤的蓬萊米。
吃得完嗎？
這是一種心意啦！
日治時期在總督府的推廣下，臺灣的稻作由秈稻轉變為以稉稻為主。
臺灣人偏好的米飯口味，也從在來米變成蓬萊米。

我懂啦！因為日本人帶來的改變，現在全世界都吃梗米了！
梗米不是全球主流嗎？
不是你想的這樣喔！
只有日本、臺灣、韓國等地方的人常吃梗米，其他地方大多吃秈米。
而且臺灣的秈稻很優秀，利用臺灣秈稻培育出的新品種，產量很高……
還緩解了東南亞的糧荒！
臺灣的秈稻是怎樣走向國際，甚至培育出「奇蹟之稻」，掀起稻米的綠色革命呢？

4 奇蹟之稻

泰式料理店
最近好像都在吃欸？
又要變胖了！
盡量點你們愛吃的吧！
哈哈！
聽說今天的飯都是秈米喔！
不知道吃得習不習慣？
有得吃還嫌啊？
畢竟日本人就吃不習慣啊！
久等了，上菜嘍！

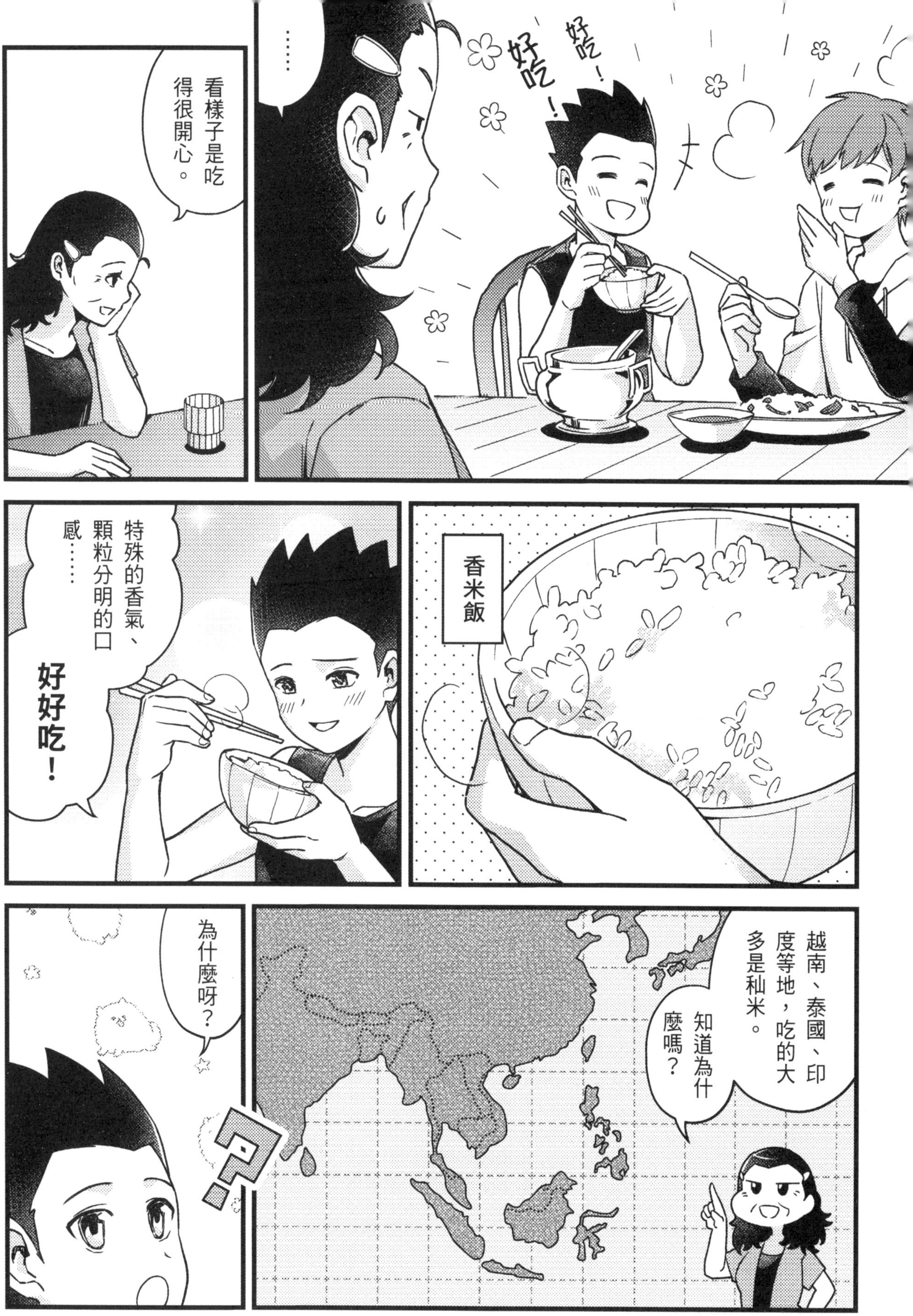
好吃！
好吃！
……
看樣子是吃得很開心。
香米飯
特殊的香氣、顆粒分明的口感……
好好吃！
越南、泰國、印度等地，吃的大多是秈米。
知道為什麼嗎？
為什麼呀？
?

因為粳稻只適合溫帶地區栽種。
東南亞地區氣候炎熱，只適合栽種秈稻。
臺灣可說是粳稻栽種最南的地方了。
粳稻我喜歡氣候涼爽的地方！
原來是受到氣候影響。
所以印度、泰國或南洋料理的米飯都是秈米……
粒粒分明的米飯和醬汁均勻混合，好看又好吃！
臺灣在日治後期雖然以粳稻為主流，但還是有種植秈稻。
一九四五年，第二次世界大戰結束，日本戰敗投降。
慶祝光復臺
國民政府接管臺灣，必須改善戰爭帶來的糧食問題……

一九四九年，在臺中區農業改良場裡——
怎麼辦？
許多地方被炸毀，灌溉設施都沒了。
育種專家
洪秋增
大批軍民隨著國民政府移居臺灣，人口大量增加……
現在糧食不足，我們需要產量高的稻米品種。
顧不得好不好吃了，產量最重要。
現在灌溉不方便……
蓬萊米需要比較多水，不適合。
用在來米如何？

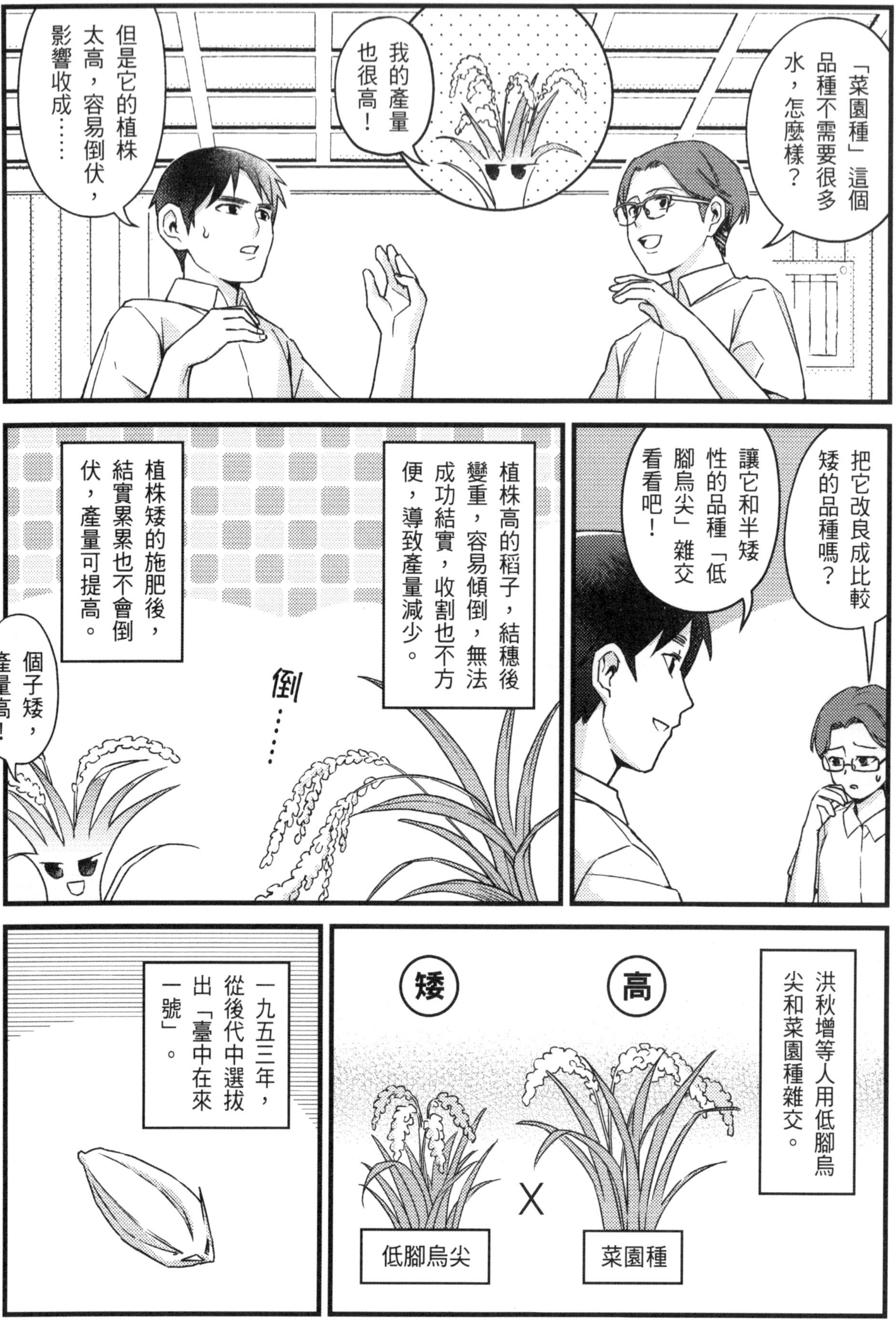
「菜園種」這個品種不需要很多水，怎麼樣？
我的產量也很高！
但是它的植株太高，容易倒伏，影響收成……
把它改良成比較矮的品種嗎？
讓它和半矮性的品種「低腳烏尖」雜交看看吧！
植株高的稻子，結穗後變重，容易傾倒，無法成功結實，收割也不方便，導致產量減少。
倒……
植株矮的施肥後，結實累累也不會倒伏，產量可提高。
個子矮，產量高！
洪秋增等人用低腳烏尖和菜園種雜交。
高
矮
X
菜園種
低腳烏尖
一九五三年，從後代中選拔出「臺中在來一號」。

半矮性的臺中在來一號耐旱、高產、對肥料反應良好……
所以就普遍種植了？
唉！
很可惜，一開始沒有受到重視。
因為當時的政策還是以蓬萊米為主。
沮喪！
那不就被埋沒了嗎？
呵呵，還好後來有伯樂出現！

這位伯樂就是國際知名的水稻專家——
張德慈
1927～2006年
一九五九年，在美國完成博士學位的張德慈返臺，任職於「中國農村復興聯合委員會」*。
負責稻作改良。
有一次，他到臺中區農業改良場視察——
臺中
在來1號
稻穗結實累累卻沒有倒伏？
臺中在來一號半矮性的特性真優秀……

* 現今農業委員會的前身。

產量看起來很高。
優秀的品種應該要多多推廣。
在張德慈的協助下，臺中在來一號在二十六處進行區域試驗。
結果在二十三個地點表現優越，產量不輸當時高產的稉稻品種。
臺中在來一號得以在一九六一年正式推廣。
之後，張德慈更把臺中在來一號推廣到國外……

一九五〇年代，亞洲天災頻仍，人口快速成長，面臨饑荒危機。
美國福特基金會與洛克斐勒基金會於是在菲律賓成立「國際稻米研究所」，希望解決亞洲的糧食問題。
國際稻米研究所所長 錢德勒
我們剛成立，需要一位了解亞洲水稻的人。
臺灣的張德慈擁有植物遺傳學博士學位。
他目前從事水稻改良工作，相當適合！
那就找他來幫忙！
一九六一年，三十四歲的張德慈應聘到國際稻米研究所工作。
到菲律賓了！
他選了臺中在來一號、低腳烏尖等三十種臺灣稻米品種，引進到國際稻米研究所。

張德慈帶去的臺中在來一號在印度種植，適應良好……
臺中在來一號產量好高啊！
我們有飯吃了！
印度一九六〇年代中期的糧荒因此緩解了。
臺中在來一號真是臺灣之光！
厲害！
臺灣之光不只它而已……
張德慈帶去的低腳烏尖更是發光發亮！
科學家利用它培育出產量超高的水稻品種喔！

國際稻米研究所成立後，科學家積極研發新品種……
得趕快培育出產量高的稻米……
用各國的品種來雜交，一定可以產生優秀的品種！
育種學家詹寧斯
張博士有什麼看法？
我們跟各國募集稻種吧！
也請務必把臺灣半矮性的品種加入試驗。
因為半矮性的水稻不容易倒伏，產量很高。
詹寧斯利用各國的稻米品種做了三十八組雜交配對……
所長！
所長，雜交有成果了，快跟我來！
？

印尼 PETA × 臺灣 低腳烏尖
低腳烏尖的半矮性可遺傳給後代！
用它把後代植株變矮，不容易倒伏，產量提高，就是我們想要的品種！
接下來從半矮性的後代中，選拔出可抗病、產量高的做為新品種……
育種學家 比奇爾
最後選拔出來的新品種，取名為IR8。
它在施肥的試驗中，產量可多達傳統品種的九倍！
太棒了！多虧你選擇正確的親代來雜交！

IR8對日照長短不敏感，一年當中任何時間都可以種，不同緯度的地方也可以栽種。
在亞洲各地推廣，稻米產量大增，解除了一九六〇年代末期的饑荒。
IR8被譽為「奇蹟之稻」，掀起了稻米的綠色革命！
不過，IR8並不好吃。
產量與口感不能兼得！
真可惜！
想培育出優良的新品種，需要許多不同的親代品種呢！
沒錯！
張德慈為此打造了「稻米的諾亞方舟」……
他建立了「稻米基因庫」！
這些稻種就是將來品種改良的基礎。
蒐集世界各地的稻種，保存起來……

是新的品種！
蒐集起來！
發現了——這裡還有！
太好了！
原本只有三百種稻種，到他退休前已經蒐集到八萬多種了。
也太多了吧！
一九九一年，張德慈從國際稻米研究所退休，回到臺灣。
他把畢生的研究帶回臺灣。國家作物種原中心在他的指導下，於一九九三年成立。

張德慈博士……
把臺中在來一號引進到印度，為印度增產糧食。
又和育種學家培育出「奇蹟之稻」，
解決亞洲地區的糧荒。
還建立了稻米的諾亞方舟——
ALFR· NOBEL
MDCCC XXXIII
MDCCC XCVI
你說是不是該得諾貝爾獎*？
張德慈於二〇〇六年逝世……
Te-Tzu (T.T.) Chang
Genetic Resources Center
國際稻米研究所把「稻米遺傳資源中心」改名為「張德慈遺傳資源中心」來紀念他。

* 張德慈與國際稻米研究所的育種學家培育出半矮性水稻，美國農藝學家布勞格在墨西哥培育出半矮性小麥，使得作物產量大增，合稱「綠色革命」。布勞格獲頒1970年諾貝爾和平獎，張德慈未能得獎，令人扼腕。

他真厲害！
臺灣稻米因張德慈走出臺灣，揚名國際！隨著科技日新月異，臺灣的稻米會有什麼新發展呢？

5 從水田到實驗室

米嬸早餐店
好討厭喔，完全沒有靈感！
專題要報告什麼？
就稻米吧！我們最熟悉這個主題了。
要現代一點喔！因為這次主題是創新科技。
我不行了，腦汁用盡了……
看起來很煩惱啊！
喝飲料，休息一下吧！
米嬸知道什麼稻米的創新科技嗎？

基因工程技術啊！
對欸，改變DNA！
現在很流行農業生物科技吔！
那是什麼？
？
基因工程技術就是改變生物的基因……
改造生物遺傳的一種方法！
懂嗎？
他聽不懂這麼難的話啦！
說到水稻的基因研究，一定要認識一個人……
有臺灣水稻教母之稱的余淑美！
咕咕！

一九五〇年代在臺中的鄉下……
撒！
余淑美
你們趕快吃，快快長大喔！
真可愛，讓我摸摸看——
哇啊！
嗚！好痛！
停—

阿嬤！
今年就等這批稻子長好了，可賣個好價錢！
一定沒問題的！
我去拿點心來！
等一下幫忙整理菜園！

快！阿公在等呢！
我拿點心來了！
淑美，謝謝你！
阿公，吃點心，休息一下！
呼！
要變天了？
轟隆！

稻子就快要成熟了……
偏偏這時候颱風來。
收成會大受影響……
農民都要看天吃飯。
阿公阿嬤都那麼辛苦……
為了不讓大人操心，我要把功課顧好……

小學四年級時，余淑美全家搬到臺北居住。
她的成績一直名列前茅。國中畢業時，同時考上北一女和商專。
淑美……
好不容易考上北一女，怎麼想念商專？
我想趕快工作，幫家裡賺錢。
阿公說，女孩子不用讀那麼多書……

敲！
你不用管阿公怎麼說，女生念書也很好，可以念書就盡量念，阿爸都會支持你的！
爸，謝謝你！
在父母的支持下，余淑美念大學、碩士，甚至到美國攻讀博士學位……

一九八〇年，在美國阿肯色大學——
實驗室
哈囉，大家都來得這麼早！
趕快開始做實驗吧！
這次改變另一個條件，看看會有什麼不一樣……
你太沉迷於研究了，這樣青春會很枯燥。
大學時代沒參加社團活動的人，沒資格說我沒青春。

理工科就是很忙嘛！
光應付功課就沒力氣了！
彈琵琶、練柔道、打球、參加田徑比賽……
我的青春非常充實呢！
心痛！
只是我現在做研究也忙到沒時間玩社團和運動了……
余淑美成績優異，三年半就取得博士學位，順利畢業。
畢業了，要思考下一步……

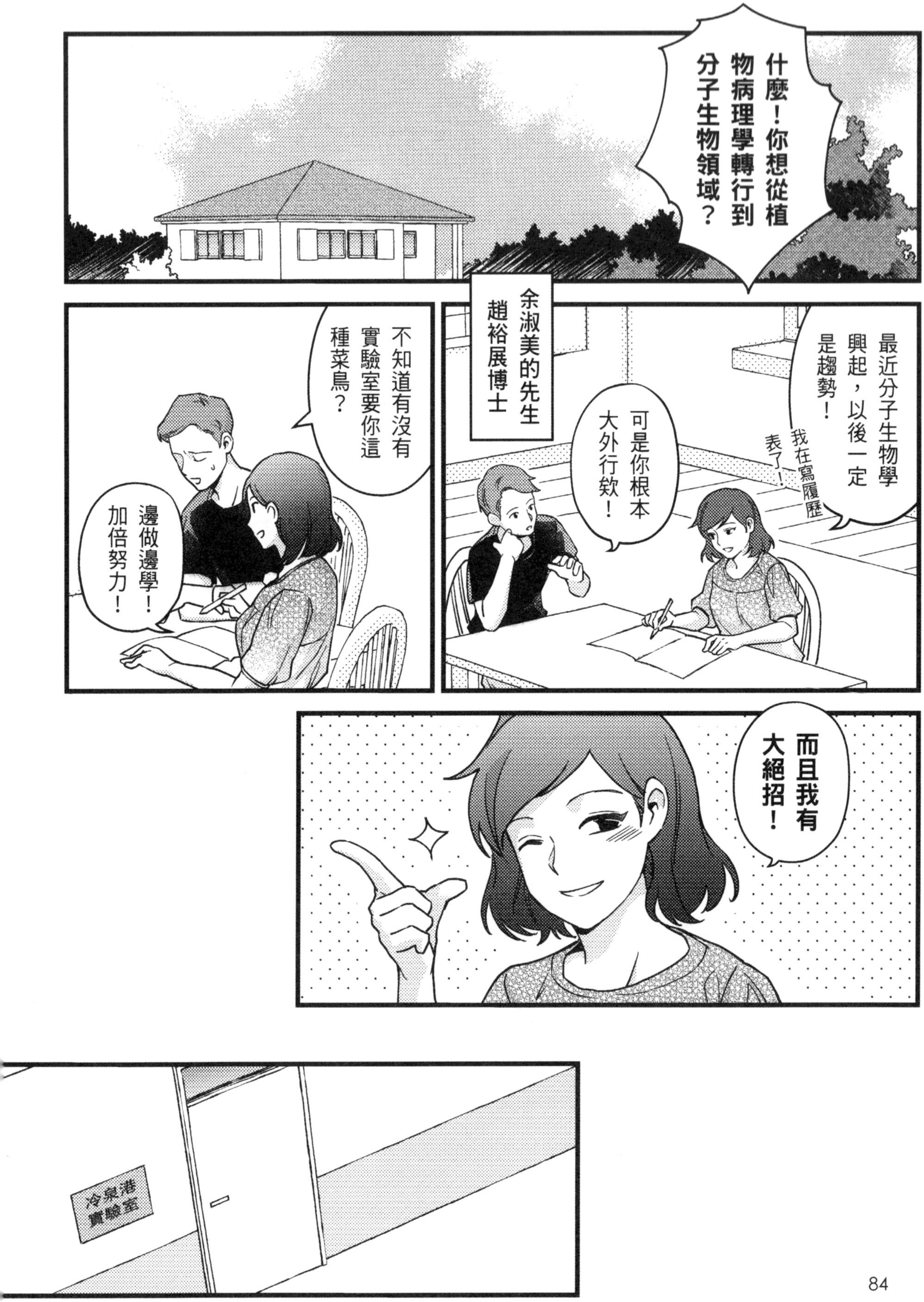
什麼！你想從植物病理學轉行到分子生物領域？
余淑美的先生 趙裕展博士
最近分子生物學興起，以後一定是趨勢！
我在寫履歷表了！
可是你根本大外行欸！
不知道有沒有實驗室要你這種菜鳥？
邊做邊學！加倍努力！
而且我有大絕招！
冷泉港實驗室

你沒有分子生物學的背景……
我們很難錄用你。
真的不好意思。
果然沒那麼順利啊……
使出大絕招！
我可以不支領薪水……
這樣的話，就讓你試試看吧！
我會好好珍惜這次機會的！
非常感謝您！

余淑美勤奮學習，就這樣踏入了分子生物的領域……
一九八七年，余淑美到康乃爾大學植物系做研究……

余博士，怎麼啦？
一向拚命的余博士居然會累？
抖——
水稻？
世界知名的水稻基因研究專家吳瑞教授，就在康乃爾大學……
好想向他請教，而且我一直對水稻有興趣。
可是現在工作好忙……
這麼有興趣，不如直接去他的實驗室工作？
你說得對！
砰！

你真是說了天大的好主意！
辭掉現在的工作……
去吳瑞教授的實驗室工作！
我現在就去準備履歷資料！
!?
我來啦！
哈哈哈！
她真有行動力！
踏進分子生物領域的余淑美，之後怎樣把她一步步累積的專長應用在從小就熟悉的水稻呢？

6 水稻理想之路

一九八八年，在美國康乃爾大學吳瑞教授的實驗室——
余淑美博士，那邊就是你的辦公桌。
好的！
這裡是全世界做水稻基因研究最好的實驗室……
能進來真是太幸運了！
東張西望！
拜託！我很想加入吳瑞教授您的團隊。
哈哈，可以啊！剛好缺人。
余淑美博士！
你看起來有點緊張啊？空間夠大嗎？
吳瑞教授
沒問題！

我們這邊空間不大，有新人加入，總是擔心位置太擠了。
不會，剛剛好！
請教授不用擔心我！
那就好。
只要我擠一擠……
大家都能有寬敞的空間呢！
教授您的位置太小了啦！
水稻基因萃取
教授真體貼，我得努力工作才能回報……
翻！

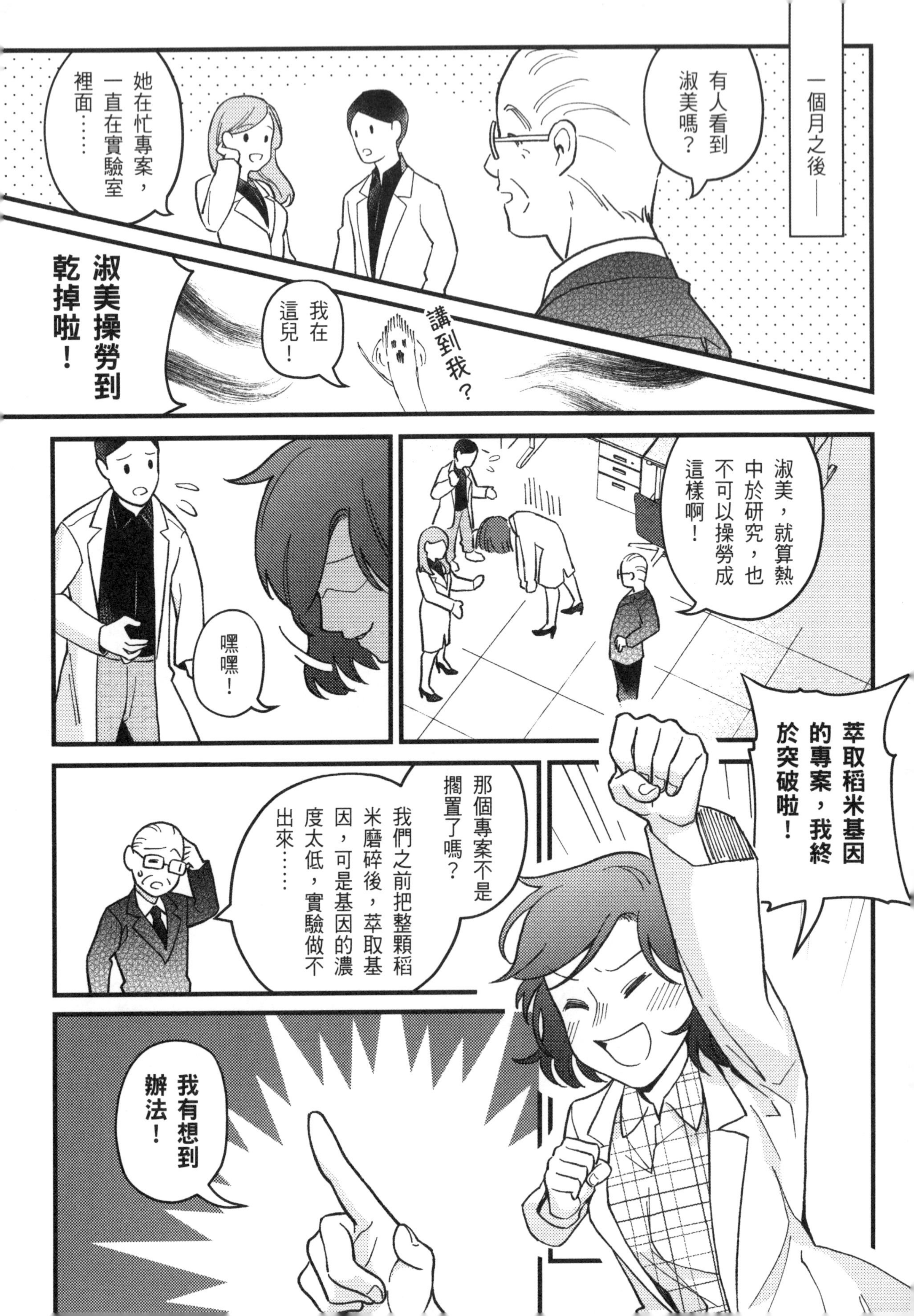
一個月之後——
有人看到淑美嗎？
她在忙專案，一直在實驗室裡面……
講到我？
我在這兒！
淑美操勞到乾掉啦！
淑美，就算熱中於研究，也不可以操勞成這樣啊！
嘿嘿！
萃取稻米基因的專案，我終於突破啦！
那個專案不是擱置了嗎？
我們之前把整顆稻米磨碎後，萃取基因，可是基因的濃度太低，實驗做不出來……
我有想到辦法！

我們要的基因，主要位在米粒外面那一層，
所以我剝下那一層來萃取。
①去掉最外面的稻殼。
②剝下米粒外面的糊粉層薄膜。
③把糊粉層薄膜磨碎，萃取基因。
這樣就能成功萃取出來了！
好方法！
你真是細心又有耐心！
薄膜很難剝吧？
沒有啦！
我們實驗室往後少不了淑美了！
握
說到這個，我有事想跟教授說……

中研院正好在徵人，我希望回臺灣工作……
我知道我才剛來您這裡不久……
我明白。
你想為家鄉多做點事，對吧？
儘管放手去做吧！
我們的成果，不只是工作……

我們是要造福需要幫助的人們以及國家。
你的努力將會幫助全世界。
謝謝你，教授。
但還是不能工作過度。
要多注意健康！
一九八八年的年底，余淑美返回臺灣，
隨後到中研院工作。中研院是臺灣做分子生物研究最好的機構。
中央研究院

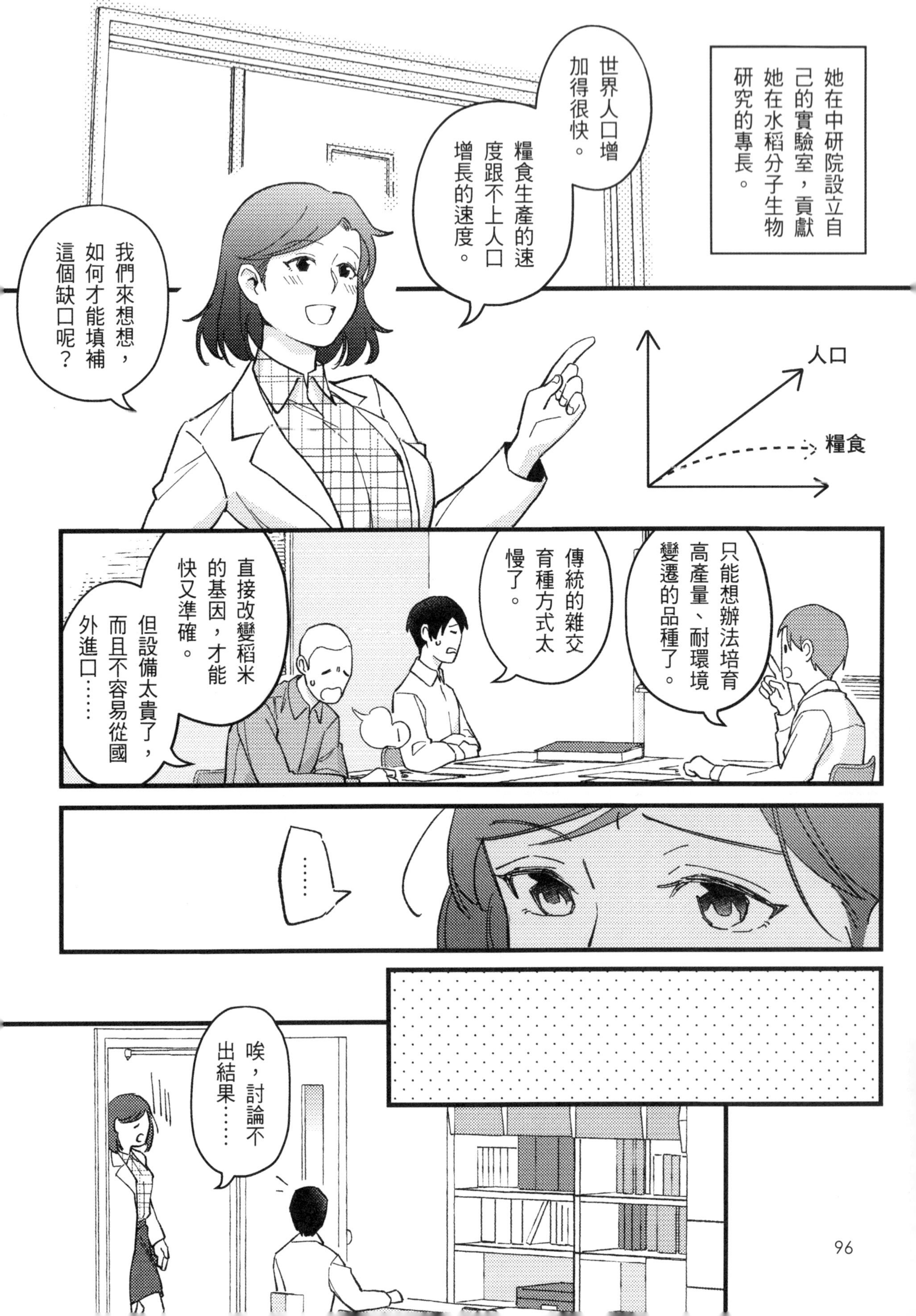
她在中研院設立自己的實驗室，貢獻她在水稻分子生物研究的專長。
世界人口增加得很快。
糧食生產的速度跟不上人口增長的速度。
我們來想想，如何才能填補這個缺口呢？
人口
糧食
只能想辦法培育高產量、耐環境變遷的品種了。
傳統的雜交育種方式太慢了。
直接改變稻米的基因，才能快又準確。
但設備太貴了，而且不容易從國外進口……
……
唉，討論不出結果……

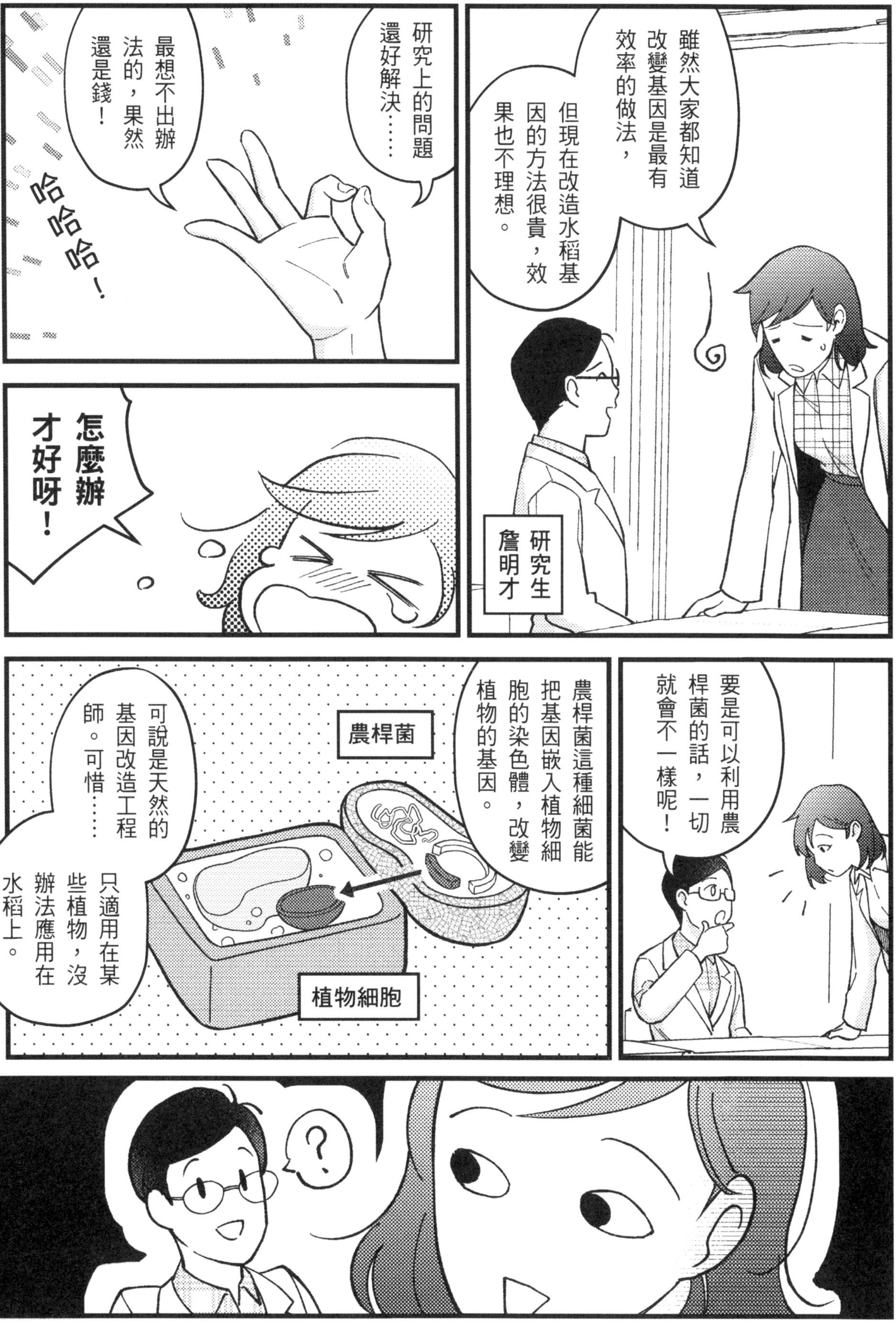
雖然大家都知道改變基因是最有效率的做法，
但現在改造水稻基因的方法很貴，效果也不理想。
研究生 詹明才
研究上的問題還好解決……
最想不出辦法的，果然還是錢！
哈哈哈！
怎麼辦才好呀！
要是可以利用農桿菌的話，一切就會不一樣呢！
農桿菌這種細菌能把基因嵌入植物細胞的染色體，改變植物的基因。
農桿菌
植物細胞
可說是天然的基因改造工程師。可惜……
只適用在某些植物，沒辦法應用在水稻上。
？

等等！
老師你該不會想嘗試用農桿菌——
沒錯！
番茄和菸草都成功了，沒道理稻米不成功吧？
可是—
用不同的條件試驗看看！不試怎麼知道？
不要怕失敗，努力嘗試！
可是世界各國的科學家都做不出來……
細心操作，說不定有什麼之前沒發現的「漏洞」！
一舉突破！

一九九三年，余淑美與學生詹明才博士，成功利用農桿菌把基因轉殖到水稻的染色體上，
突破了水稻轉殖的瓶頸。
二〇〇二年——
現在各國的科學家都在研究植物基因有什麼功能……
水稻
功能研
破解水稻基因的功能是未來的趨勢，臺灣也要跟上腳步才行！
放手一搏吧！
噠

喀啦！
親愛的助理——
教授？
我想建置一個「水稻突變種原庫」來研究水稻基因的功能！
？
那是什麼？跟研究基因功能有什麼關係？
因為——
解讀水稻基因功能最簡單、快速的方法就是讓水稻基因產生突變，種出來的水稻就會長得不一樣。
假如突變後長得很高，就可以從這個突變，追查到控制水稻高度的基因！
利用農桿菌轉殖技術來製造各種突變品種，並保存種子，做成種原庫，將會是研究水稻基因功能的最佳材料！

你不覺得很棒嗎？
可是這個計畫聽起來非常浩大……
我們可以開放給全世界科學家使用，他們就會來找我們合作。
臺灣會站在世界上最頂尖的稻米研究舞臺！
怎麼樣？我很有說服力吧！
哈哈！
先寫計畫案，看能不能申請到經費……
……
我們起步晚，要拚命趕上韓國、法國、中國！
我的假日……
余淑美於是開始建置「水稻突變種原庫」，從二〇〇四到二〇一五年，經過十二年，製造了十萬多個水稻突變株和六萬筆突變基因資料，成為國際科學家研究水稻基因功能的重要資源。

現在，在中研院分子生物研究所——
喀！
渾身溼透了。雨下得好大！
趕快擦乾，喝點熱茶。

希望不要又「豪雨成災」。
現在地球氣候很極端，經常出現淹水或乾旱……
幸好，我們可以改造出耐旱的水稻，也找到水稻耐淹水的基因。
三十多年來，我們找到了二十多種水稻抗逆境、高產量的重要基因……
總算對農業有所貢獻，也讓臺灣在國際上占有一席之地。
不過，還需要更多研究，才能改造出理想的水稻。我們繼續努力吧！

這就是水稻教母余淑美的故事。
她一直在為臺灣的水稻研究努力呢！
哇——
余教授好厲害！
基因工程技術好神奇！
沒想到小小的稻米有這麼多故事！
是啊！
用這個做報告，一定很精采！
稻米學問很多，研究不完呢！
完

稻米學習館

- 稻米的一生
- 世界的米
- 培育一粒好米
- 臺灣米文化
- 水圳的故事
- 稻米年表

稻米的一生

文／陳雅茜

稻米是世界三大糧食之一，甚至是餵養最多人口的作物。它主要含有澱粉，可做為熱量來源，並可提供蛋白質、礦物質、維生素等重要的養分，而且產量驚人。一粒稻穀歷經發芽、成長、分蘗、開花、結穗等過程，平均可結出千顆稻米，大約是一碗飯的分量！

從一粒穀子開始

發芽：稻穀一般都曬乾保存。由於外殼堅硬，需要先將稻穀浸水增溫，軟化外殼，讓稻米發芽。

播種：將發芽的穀粒平均而密集的播種在育苗盤上，讓穀粒長成幼苗。

插秧：秧苗生長兩週至三週左右，就能以插秧機或人工的方式種入田中。

分蘗：水稻是叢生的植物，會從莖部長出許多分枝，稱為分蘗，再從分蘗中抽出稻穗開花。

插秧

將秧苗一叢一叢插入田中生長，每叢大約三至五株。

分蘗

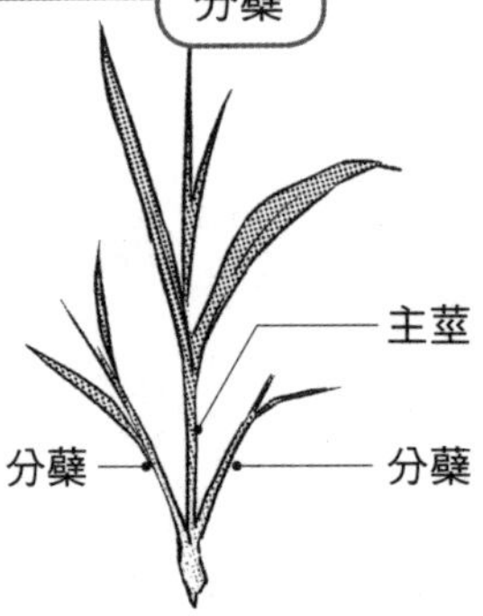

分蘗並非愈多愈好，有些能結出結實的稻穗，稱有效分蘗；有些反之，稱無效分蘗。

開花：一株稻穗大約可開一百多朵稻花。稻花沒有花瓣，雌蕊和雄蕊由兩片硬殼狀的稃保護著。

結穗：受粉成功的雌蕊會結成果實，漸漸長大，稻穗也隨著穀粒充實、重量增加而下垂。

成熟：當稻穗變黃，稻穀變得飽滿，代表稻米成熟了。從播種到成熟，視季節氣候不同，大約需要四個月左右的時間。

收割：在臺灣，每年可兩收。收割季節一般落在六月和十一月。大多依賴機械採收，可自動分離稻穀和稻桿。收穫的稻穀直接送到糧食行或碾米廠烘乾保存。

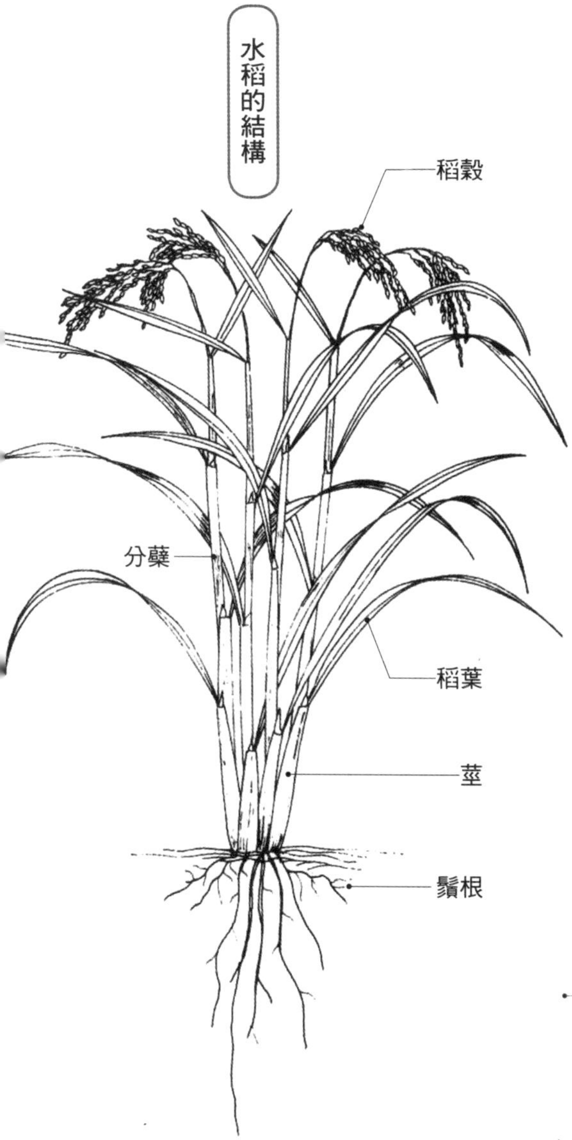
水稻的結構
稻穀
分蘗
稻葉
莖
鬚根

稻株直立叢生，成熟時高 1～1.8 公尺，稻莖會長出許多分枝，一株稻可長出上百個分蘗。

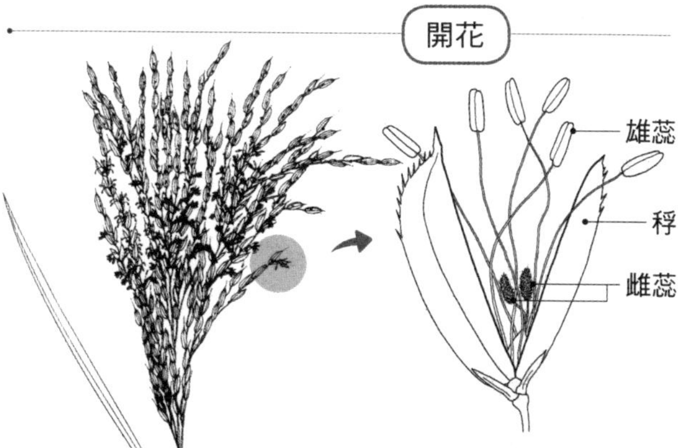
開花
雄蕊
稃
雌蕊

水稻是自花授粉，花開時，由同一朵花內的雄蕊提供花粉給雌蕊。

世界的米

文／陳雅茜

「一樣米養百樣人。」你聽過這句話嗎？其實「一樣米」養的，是全世界一半的人口！世界人口現有七十八億多，算一算，以米飯為主食的人竟然多達四十億左右！這麼多的米到底從哪裡來？而且如果你吃過不同地區的米，一定會覺得口味不太一樣，怎麼會是「一樣米」呢？好奇怪！

米從哪裡來？

稻子結出的果實去殼之後，就是米。全世界野生的稻大約有二十來種，但人類栽培食用的只有亞洲稻和非洲稻。非洲稻幾乎只分布在西非，產量低，而且有逐漸被亞洲稻取代的趨勢；換句話說，現在我們吃的米幾乎都是「亞洲稻」。

但人類怎麼會栽培亞洲稻呢？早期人類原本不耕種，靠打獵和採集植物取得食物，不過在一萬年前左右，現今中國長江流域一帶的人類開始栽培稻米。他們可能在低窪潮溼地區發現野生稻可做為食物來源，於是帶回

世界稻米產量分布圖

顏色愈濃代表單位面積產出的稻米愈多。由圖中可看出世界各地都種有稻米，但亞洲的產量尤其高，特別是東南亞。

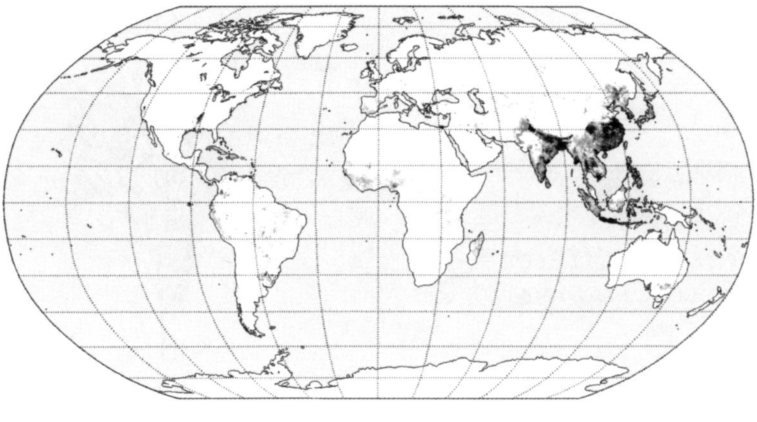

去種植，漸漸培養出產量更高、適合農作的稻米。這就是亞洲稻的由來。

隨著人類遷移與交流，稻米傳播到不同的地方，並且不斷演化。現在世界各地都種有稻米，尤其亞洲最多。往北遠至中國北方寒冷的黑龍江流域，往南下到島國紐西蘭、澳洲，都有稻米的蹤跡。

根據聯合國的資料，二〇一九年世界稻米產量約有七．六億公噸，分布在全球一百多個國家，其中中國排名第一，印度、印尼、孟加拉、越南分列第二至五，而第一和第二名的中國與印度，產量加起來超過全球的一半！令人訝異的是，南美洲的巴西是第十大產米國。

從一萬年前長江流域的野生稻開始到今天，亞洲稻幾乎遍布全球，從北緯五十三度到南緯四十度，從平地到高山，從深水到旱地，各有合適種植的稻米。

為什麼吃起來不一樣？

雖然都是亞洲稻，但不同地區生產的稻米，口味、香氣、形狀都不一樣——原來是因為「品種」不同。人們依照喜好和用途栽培稻米，讓稻米變得更大顆、更美味，或具有抗旱、抗蟲、產量更高……等其他特性，這種人為的技術叫「育種」，使得稻米變得更多樣，且各有特色。

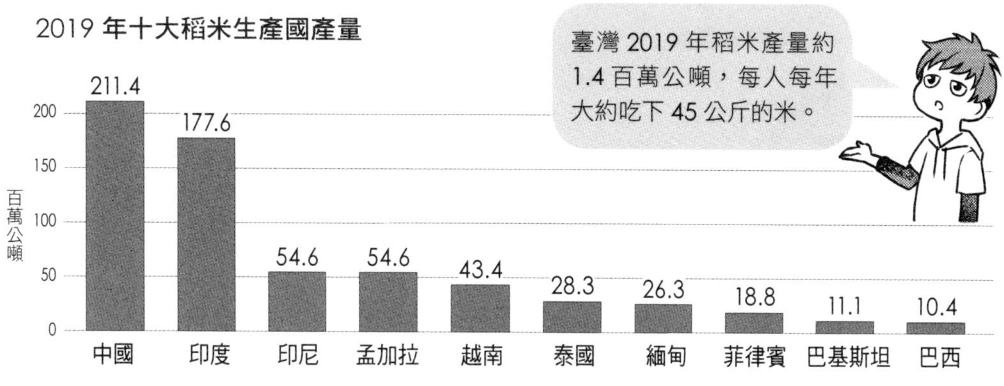
2019 年十大稻米生產國產量
臺灣 2019 年稻米產量約 1.4 百萬公噸，每人每年大約吃下 45 公斤的米。
百萬公噸
0
50
100
150
200
211.4
177.6
54.6
54.6
43.4
28.3
26.3
18.8
11.1
10.4
中國
印度
印尼
孟加拉
越南
泰國
緬甸
菲律賓
巴基斯坦
巴西

稻米的品種繁多，但到底有多少種？就連稻米專家都說很難回答。只能說，臺灣國家作物種原中心目前保存的稻種，大約有四千份；至於位在菲律賓的國際稻米研究所，蒐集到的稻種更多達十萬種。

有哪些米呢？

稻米可依黏性分為粳米、秈米和糯米。粳米口感較黏、較具彈性，如臺灣的蓬萊米；秈米黏度較低、質地較鬆且偏硬，如在來米、泰國米；糯米的黏性最高，顏色特別白，如包粽子用的長糯米、做甜食用的圓糯米。

稻米也可依顏色區分，如紅米、黑米、紫米、綠米……。有特別香氣的品種稱為香米，如臺灣的益全香米、泰國香米。除了做為糧食，稻米還能用來釀酒，日本就栽培出好幾種專門用來釀酒的稻種。稻葉色彩變化，還能提供觀賞用途，有些稻種專門栽培來做為切花或乾燥花。

現在還常看見糙米、胚芽米，但指的並不是品種，而是不同碾製階段的稻米。米是稻子的果實，也是種子。稻穀去殼叫「糙米」，糙米帶有一層外皮及一個可發育成苗的芽。去除外皮、只留有芽的米叫「胚芽米」。把芽去除後，最內層白色的顆粒才是我們常吃的白米。

稻穀剖面圖

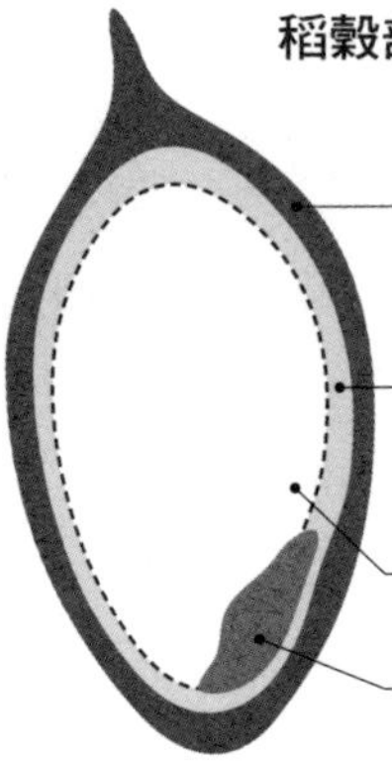

稃：包在稻米最外層的稻殼，去殼後為糙米，是稻米真正的果實，內含一枚種子。

米糠：糙米表面的皮膜，由果皮和種皮癒合在一起而形成，皮膜內側還有一層糊粉層。

胚乳：種子儲存養分的主要部位，也是我們所吃的白米。

胚芽：種子上可發芽的部位。

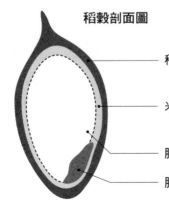

哪一種最好吃？

不同地區的人口味不同，覺得好吃的米也各不相同。另外，不同的米有不同的特性，適合的料理方式也不同。舉例來說，日本知名的「越光米」是一種粳米，黏性強、甜味足，米粒飽滿而光澤，適合用來做壽司、飯糰。新潟魚沼出產的越光米最知名——價格也最高。

聞名全球的泰國「茉莉香米」是一種秈米，米粒長而不黏，口感鬆軟，散發特殊的香氣，類似泰國菜裡常用的香蘭葉，也有點類似爆米花的氣味。這種米煮起來粒粒分明，適合炒飯、做粥，搭配泰國菜食用別具特色。

臺灣也有多樣稻米品種，各具特色，一般最耳熟能詳的有「臺粳九號」，也叫壽司米；「益全香米」帶有淡淡芋頭香，編號為「臺農七十一號」；「高雄一三九號」別名醜美人，煮成的米飯冷熱都可口；「臺中秈十號」是秈米，不易造成脹氣，炒起飯來粒粒分明，口感卻和粳米一樣具有彈性；「臺南十六號」由臺灣稻米和日本越光米雜交而成，吃起來QQ黏黏，有臺版越光米的稱號……。

稻米的世界千變萬化，好吃的米怎麼說也說不完，親自吃上一口，自己來判斷。

有顏色、更健康？

現代人講究健康，開始愛吃各種有色米，彷彿帶著顏色的米粒能帶來更多營養。

米的顏色來自它的外皮，也就是「米糠」。米糠的口感粗，不易消化，過去人們大都捨棄不吃，但其實富含養分，尤其各種有色的米，顏色正是來自米糠裡的花青素。花青素具有抗發炎、抗氧化等功能，對健康相當有益，混合白米一起煮食，能兼顧腸胃與養分。

培育一粒好米

文／盧心潔

人類今天豢養的寵物、家禽家畜，以及種植的各種作物，和大自然裡野生的物種比起來，具有更多令我們喜好的特徵。這其實是人類花了許多時間力氣，進行品種的改良與培育所得出的成果。這種利用人工方式汰選動物或植物特徵，並加以栽培並繁殖的技術，稱為育種。

大自然中的水稻有高有矮，有的結穗多、有的結穗少，也有些天生能抵抗某些疾病或蟲害，育種家會依照需求，從各種稻株間挑選出想保留的特徵，然後讓稻株授粉「雜交」，希望培育出的新水稻具有更多優良的特徵——育種的終極目標，正是培育出盡可能集結所有優點於一身的水稻！

傳統育種怎麼做？

從野生稻到現今千變萬化的稻米品種，歷經許多人的努力與研究，讓人不禁好奇稻米育種究竟是怎麼做的？傳統方法和現代技術又有什麼不同？一切要從挑選合適的稻株開始：

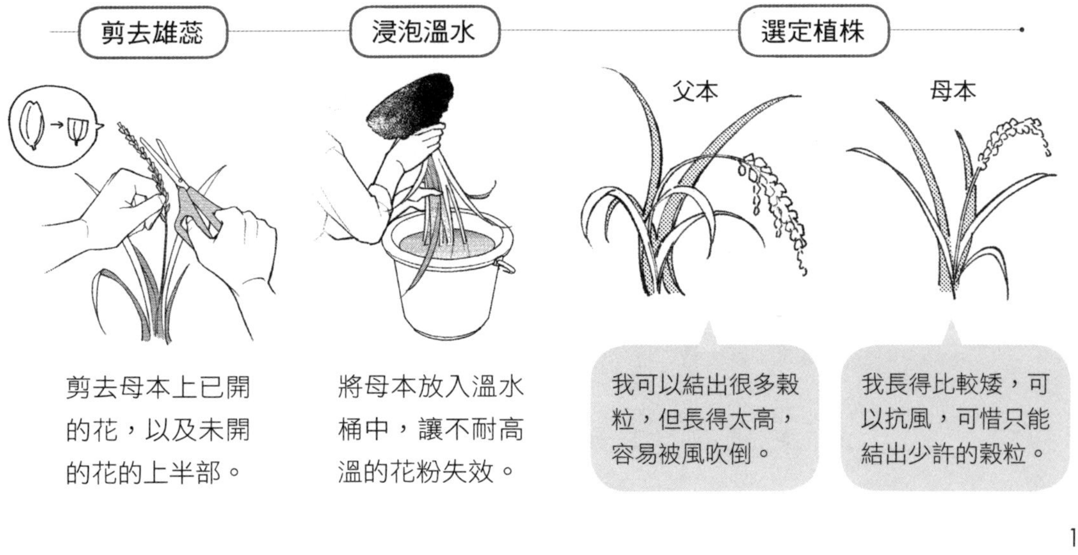

選定植株
父本
母本
我可以結出很多穀粒，但長得太高，容易被風吹倒。
我長得比較矮，可以抗風，可惜只能結出少許的穀粒。
浸泡溫水
將母本放入溫水桶中，讓不耐高溫的花粉失效。
剪去雄蕊
剪去母本上已開的花，以及未開的花的上半部。

選定植株：選出兩個植株，各有令人想保留的特徵，例如結的穀粒多，或是抗風能力強，一個做為提供花粉的「爸爸」，稱為「父本」；一個做為接受花粉並孕育穀粒的「媽媽」，稱為「母本」。

浸泡溫水：把母本的稻穗泡在攝氏四十三到四十五度的溫水中五到七分鐘，讓花粉失去功能。大自然中的水稻是自花授粉，如果要讓雌蕊接受來自其他植株的花粉，必須先去除本身的花粉。

剪去雄蕊：一株稻穗有上百朵花，開花時間不一定相同，因此泡完溫水後，還要把雄蕊或已經授粉的稻花一一剪去，確保沒有任何花粉殘留。剪開的稻花，也能增加之後人工授粉成功的機會。

人工授粉：將已開花的父本在母本上方輕輕抖動，讓花粉落在母本的雌蕊上，完成授粉——這個過程稱為「雜交」。將完成雜交的母本套上紙袋，若授粉成功，幾天後就可看到穀粒生長，約三十天後可收成。

試種與篩選：將收成的穀粒種下，觀察新稻株的特徵。雜交得出的稻株後代可能帶有育種家想要的特徵，也可能沒有，因此要不斷透過試種來觀察並挑選，留下理想的稻株。從雜交、反覆試種與挑選，到一個新稻種育成，至少需要七至十年的時間。

人工授粉

輕輕抖動正在開花的父本，讓花粉落在母本的雌蕊上。

試種與篩選

雜交得到的後代特徵各有不同，你想要哪種呢？

現代育種技術

水稻雜交的流程不只花時間也很費力，加上水稻在臺灣一年只有兩個生長季節，因此傳統育種方法要試種好幾代水稻、花很長的時間才能得到新品種。

隨著科學進步，基因工程問世，育種家也將這樣的技術帶入育種過程。完成水稻雜交後，可以先在實驗室裡檢查水稻秧苗的基因，選出帶有特定特徵的植株再繼續栽培。這麼做可減少反覆種植的次數，大幅縮短育種的時間；挑選植株特徵也能更加準確，例如稻株是否能抗病或忍受低溫，並無法清楚從外觀辨識，但透過基因檢驗就可以挑選出來。有臺版越光米之稱的「臺南十六號」，就是第一個利用基因檢驗技術，以越光品種與臺農六十七號雜交而成的稻種，育種時間僅僅四年。

科學日新月異，也有育種家更進一步，不使用雜交技術，而直接採用基因工程技術，把來自其他物種的基因送入水稻，將特定的特徵「植入」稻米之中，或是直接編輯水稻的基因，改良特徵。只是以基因工程育成的稻米究竟合不合適人類，目前尚有爭議，還待科學家進一步釐清。

黃金米的誕生

根據世界衛生組織統計，每年約有一百萬人因缺乏維生素A而死亡。維生素A對於生長發育和視力很重要，而有營養缺乏問題的非洲和東南亞國家，主食通常是稻米，於是科學家靈機一動，把水仙花和土壤細菌中特定的基因，利用基因工程送入水稻，成功讓類胡蘿蔔素累積在稻穀中，吃下這種米就可以補充維生素A。這樣的稻米顆粒通體金黃，因此得到「黃金米」的稱號。

你吃的是什麼米？

臺灣目前已登記的稻米品種超過兩百種，多樣又好吃！能有這樣的成果，得歸功於聰明又努力的育種家。負責水稻育種的主要機構是農業試驗所和農業改良場，桃園、苗栗、臺中、臺南、高雄、花蓮、臺東都有設置改良場。市面上常見的「高雄一三九號」、「臺中秈十號」和「臺南十六號」等品種，就是各地改良場的成果。另外，「臺農七十一號」中的「臺農」，代表來自農業試驗所；以「臺」為首字的「臺稉九號」，則是由農委會公告的品種；而名字裡有「秈」的是秈米，有「稉」則是稉米。

我們平常在米行或超市買米時，應該怎麼挑選呢？除了選擇符合口味的品種，包裝袋上也會標示產地與收成碾製日期，供消費者檢視。另外還可以觀察米的外型，一般來說，品質好的米粒外觀飽滿，形狀完整，看起來透明有光澤。如果無法根據外觀辨識米質，可以參考包裝上的國家標準分級CNS。它將白米品質分為三個等級，「一等米」的米粒大小最一致、所含雜質最少，品質最好！下次買米時，試著找找這些訊息，你就更知道怎麼挑出好吃的米嘍！

吃飯也是一種專業

大家都聽過品茶員、品酒員，你知道還有品飯員嗎？臺中區農業改良場有一間專門研究稻米品質的實驗室，臺灣所有新稻種在發表之前都要送到這裡，讓品飯員「吃一口」。每次的品飯過程需要八到十位人員，每次評比四種米飯的外觀、香氣與口感，並和「臺稉九號」做比較。如果你喜歡吃飯，也可以吃出一片天喔！

臺灣米文化

文／盧心潔

「吃飯沒？」從這句打招呼的話就可以知道，飯是我們的主食，除了白米飯，還有滷肉飯、雞肉飯、各式燴飯和炒飯。再回想看看，隔壁鄰居家小孩子出生時你吃過的油飯，每年過年拜拜時必有的發糕，阿公過大壽時喜氣的壽桃……還有粄條、米粉、湯圓、米菓、碗粿……全都是稻米煮製出來的美食。

不只如此，近年來從東南亞各地移民到臺灣的新住民，也帶來了更多的米食，如米干、米線、娘惹糕、斑蘭糕等，豐富了臺灣的飲食文化。

琳瑯滿目的米製品，鹹甜了臺灣人的嘴，陪伴我們度過人生許多重要的階段。各式各樣的米文化，你認識幾種呢？

紅圓仔、長壽桃

傳統習俗中，家裡若有嬰兒出生，會以糯米煮成油飯祭祖並贈送親友；親友收到油飯後，會先將油飯盛出，並在裝油飯的碗裡放入少許白

選好米，做好食

各式米食口感各有講究，製作時得選「對味」的米。常吃的米分為稉米、秈米和糯米，主要成分都是澱粉，只是澱粉種類比例不同，造就不同口感。稉米又稱「蓬萊米」，米粒圓短，是我們最常煮成白飯、粥或捏成壽司的米種，也是烹飪義大利燉飯的首選。秈米又稱「在來米」，米粒細長，吃起來乾乾鬆鬆，適合做炒飯，也常磨成粉漿做成米粉、米線、碗粿、蘿蔔糕。糯米有圓短的稉糯和細長的秈糯，特點是黏、口感硬，常會做成節慶米食或甜點，如油飯、紅龜粿、壽桃、粽子、年糕、八寶粥等。

米，米上放一張紅紙，拿取部分油飯放在紅紙上，再附幾顆小石頭，象徵嬰兒頭好壯壯、好養育。

俗話說：「滿月圓、四月桃、度晬是紅龜。」滿月圓指「紅圓仔」，是嬰兒滿月當天致贈親友的紅粿，用糯米製成，紅紅一顆像個小山丘，外表圓潤飽滿，內包餡，頂端外加小圓點，看起來就像母親的乳房，有期望哺育順利的寓意。

「四月桃」是以糯米粉加上麥芽糖水揉和，捏出桃子的形狀而成，在嬰兒滿四個月時分送給親友，象徵喜氣洋洋。四個月大的嬰兒還要「收涎」，以紅線串起十二到十四個「米餅」，掛在嬰兒脖子上，用米餅擦擦嬰兒的嘴，象徵收住口水，未來發育更順利。

等到小孩滿週歲，也就是度晬，要準備兩個「紅龜粿」，讓小孩一腳踩一個，象徵壽長如龜，再用「米香餅」擦小孩的嘴，邊唸著「臭嘴去，香嘴來。」讓他滿嘴芬芳，成為受歡迎的人。

各式各樣的米食

米粉

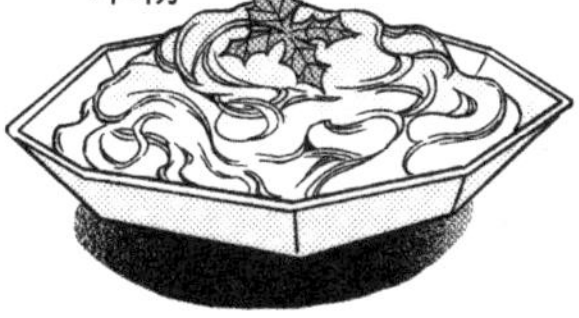

碗粿

蘿蔔糕

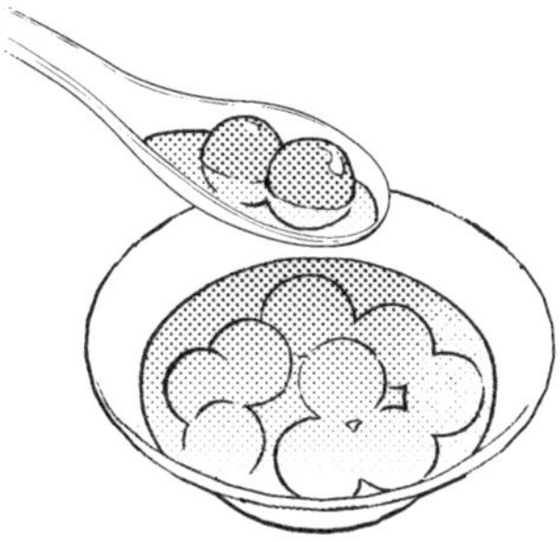

新娘圓一次吃兩顆，象徵成雙成對。

收涎米餅會用紅線串起，掛在嬰兒脖子上。

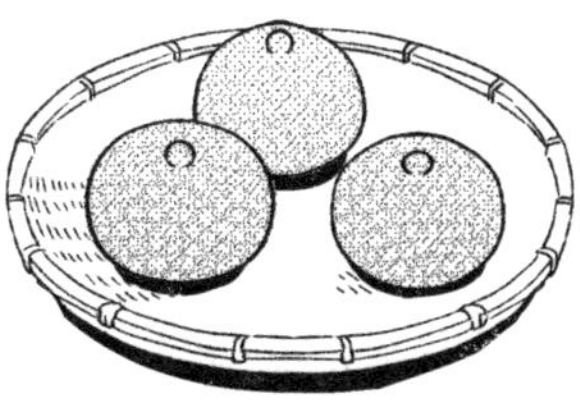

紅圓仔除了紅色，有時也做成粉紅。

長大成人，即將進入人生的下一個階段，我們也把祝福寄託在米香裡。圓形的「米香餅」是訂婚聘禮的主角，俗話說「吃米香嫁好尪」，吃了米香餅就能嫁到好老公，喜氣圓滿。結婚當天，新人則要吃「新娘圓」，一匙舀起兩枚湯圓送入口中，象徵成雙成對、圓滿甜蜜，也祝福未來一家和樂團圓。

傳統上從五十歲開始，逢十的生日都要舉辦壽宴慶祝，並準備水果、牲禮、紅龜粿等物品祭祖，晚輩則要為長者壽星準備「壽桃」，在壽宴結束後分送親友，增添福氣。

歲歲年年，四季平安

在臺灣的傳統風俗中，逢年過節少不了米食糕餅的陪伴。春節吃「發糕」，因為形狀如花，取諧音「發」代表發財。「年糕」寓意年年步步高升，「蘿蔔糕」象徵好彩頭，吃「湯圓」則表示事事圓滿。

清明節祭祖用「艾草粿」、「紅龜粿」，端午節吃「粽子」，中元節吃「芋粿巧」，中秋節吃「麻糬」，冬至吃湯圓添新歲，臘月則有米和五穀雜糧煮成的臘八粥，以及甜甜的八寶飯……。

還有，你聽過「狀元糕」嗎？這種點心是將蓬萊米磨成粉，加入花生

發糕象徵發財與高升。

娘惹糕色彩繽紛，不同顏色象徵不同意義。

粽子除了紀念愛國詩人屈原，又可祭拜祖先。

壽桃過去以糯米粉製成，現代則多改用麵粉。

粉或芝麻粉後放入模具中炊蒸而成，也有人使用在來米粉或糯米粉。據說古代有位秀才，每次進城考試都失利，後來賣起小點心，味道口感大受好評。幾年後他又進京考試，一舉高中狀元。鄉親為了紀念他，把他賣的點心稱為狀元糕。流傳至今，學子也會吃塊狀元糕，以求考試有好成績。

米香處處，人人安康

近年來，市場裡還常看見一種色彩繽紛的層狀糕點，或紅或紫或綠、香氣濃郁，頗為討喜，正是隨著新住民移入臺灣而逐漸普遍的「娘惹糕」。「娘惹」指的是十五至十七世紀時，許多華人移民到馬來西亞、印尼等地，與當地人結婚生下的女兒（兒子稱「峇峇」）。這些女兒們將源自華人的米食糕點融合東南亞食材做成料理，成為當地新特色。

娘惹糕多以糯米粉製成，並用班蘭葉、蝶豆花、洛神花等植物汁液染色，婚慶時染成紅色，取大喜之意，逢哀喪時，則染成藍白色或紫黑色。伴隨著不同時節出現在移民餐桌上的娘惹糕點，可說是族群融合的產物。

民以食為天，其實是把對生命的願望與祝福寄託在日常飲食之中，以米食為傳統的臺灣，以稻米祈祝四季平安、五穀豐收。

新米食

現代人飲食多元，主食不再限於白米飯，不過稻米仍是臺灣的主要作物。為了增加吃米的機會，不少人進一步把米拿來做成米餅乾、米漢堡，或在冰淇淋和布丁中加入米粒，讓甜點吃起來帶有微微米香！

臺南區農業改良場就以臺灣產量最多的「臺南十一號」蓬萊米，研發出烘焙專用的米穀粉，可取代部分麵粉，做成米麵條、米麵包、米蛋糕和米饅頭。

米漢堡

水圳的故事

文／陳雅茜

走在鄉間小路上，清風微帶草香，稻穗金黃，在陽光下閃閃發亮；阡陌之間鳥叫蟲鳴，還有悠悠流水聲聲相伴。再仔細查看，會發現流水常常就在稻田旁，彷彿田邊挖鑿了大大小小的水溝。但它們可不是普通的水溝，而是為了灌溉而特別建造的渠道——水圳。

植物生長需要陽光、空氣和水。尤其是水稻，喜歡溫暖潮溼的生長環境，種植期間需要大量水分灌溉。臺灣擁有豐沛的雨量，只可惜每年降雨的時間和地理分布並不平均，雖然全臺河川眾多，大大小小加起來超過一百條，但許多河川短而陡，留不住水，每到枯水期就只剩涓涓細流，甚至乾涸。

回到數百年前的古早時代，水利建設有限，只能鑿井打水或是開埤塘把水留住。許多人家為了取水，甚至得走上四、五個小時的路程。因此，即使臺灣不乏大片的平原，早期能夠種植水稻的土地卻不多。許多農家只能種植不那麼需要水的旱作，像是花生、甘藷。而且天一荒呀，風沙揚，

一家老小只能眼巴巴的等著天降乾霖。

為了有更好的生活，勢必得想辦法解決問題。先人們捲起衣袖開鑿水道，從遠方的大川引水到田地，甚至在山岳之間打一個洞，從那山的河川借水到這山，再援引到平地灌溉。一條條水圳在平原之間蔓延開來，載運著流水滋潤一寸寸土地，也讓臺灣流向水綠農村。

今天，稻米已成為臺灣最大宗的農產品，全臺灣列管的圳道約有一千五百條，總長超過七萬公里，幾乎可繞地球的赤道兩圈！這是三百多年來打造成的水圳網絡，背後有哪些人、哪些事、哪些有趣的傳聞？看著金黃稻穗在風中搖曳，一起來回味。

水圳之前

關於臺灣稻米最早的文字記載，大概出現在四百多年前。那時中國為明朝，有位名叫陳第的文人來到臺灣旅遊並寫下《東番記》，對臺灣的風土與原住民的生活做了許多描述，像是遍野的梅花鹿，以及原住民如何耕作。當時他就觀察到，原住民會種稻，但不是水稻，也沒有水田，而是以火燒的方式耕種。每到山花開的季節就播種，稻子熟成時收取稻穗，據說米粒比中國的長，而且氣味芳香、口味甘甜。

之後臺灣歷經荷蘭、西班牙、鄭成功、清朝的統治，愈來愈多移民自中國閩南地區橫渡臺灣海峽，來到島上耕作。他們帶來了水牛和水田，讓水稻在臺灣拓展扎根。

只不過你知道嗎？臺灣土地的開墾是從南部開始，早期荷蘭人和鄭成功以現今臺南一帶為據點，往南朝高雄、往北朝嘉義開發。除了北部有西班牙人的據點之外，臺灣大多數地區屬於原住民活動的範圍。這個時代的水利建設並不發達，大多是開鑿水井，或在河流緩和的地方築堤攔水，形成可蓄水的埤塘。

古早時代的建設，還可在一些地方尋獲遺跡。像是臺南赤嵌樓內有座荷蘭人建成的半月型古井，民間曾傳說井底有祕密走道，可直通濱海的安平古堡；臺南市區的烏鬼井、嘉義市區的紅毛井，也都是荷蘭時期留下的古蹟。至於埤塘，大多已隨著歷史變化而填平，但嘉義有個蘭潭，舊名紅毛埤，據說是三百多年前荷蘭人攔截八掌溪水築堤蓋成，後來經過改建，成了現今嘉義地區重要的水源供應地。

清代三大圳

清康熙年間，距今大約三百四十年前，施琅滅了鄭成功在臺灣建立的東寧王國，接管臺灣。此後，臺灣被納入清朝版圖，一開始的治理重心沿續前人，依舊在南部，但漸漸往南往北往東開發。許多人都聽過唐山過臺灣的故事，講的正是中國閩南地區的漢人，在清朝時期由對岸橫渡海峽，來臺灣討生活的這段歷史。

根據學者推估，臺灣剛納入清朝版圖時，漢人大約只有十二萬，但到了滿清末年，漢人已擴及整個臺灣西部，還有現今宜蘭蘭陽溪口附近及花東少數地區，人數超過兩百五十萬！

這麼多的人，可想見需要更多田地與米糧才能養活，埤塘與井水再也不足夠。那麼，水從哪裡來？先人們胼手胝足開墾荒地叢林，挖鑿水圳引水入田，才有了一個個村落和一片片水田。其中最為人稱道的，是現今彰化地區的八堡圳、臺北地區的瑠公圳和高雄地區的曹公圳，總共灌溉了超過一萬五千甲田地，合稱清代三大圳。

八堡圳

西元一七〇九年，清康熙四十八年，北京紫禁城裡正因為太子的廢立鬧得沸沸揚揚，但臺灣天高皇帝遠，一位名叫施世榜的大地主在這個年間，啟動了臺灣早期最大的水圳建設。

施世榜是施琅同族同宗的親戚後輩。他的父親施秉早年隨著施琅攻打臺灣，最後落腳在現今高雄地區，累積了不少財富，家族在當地頗具聲望。施世榜本人在優渥的環境中成長，學業表現優秀，為人慷慨大方，同時繼承了父親經商冒險的精神。

當時南部地區大多已經開發，移民逐漸往北拓展，施氏父子看著臺灣中部廣大的平原上濁水溪穿流而過，土地肥沃，米糧價錢正好，也興起了北上開墾的念頭。但想要大量種植水稻，必須確保水源無虞。若能開鑿水圳引用濁水溪水，除了能灌溉自己的田地，取得大量稻米外銷，還能兼收水租。

施世榜三十八歲那年，父親辭世。他繼承父業，籌措大筆資金雇用了大批勞工，在濁水溪流域彰化平原一帶開鑿水圳。這個地區當時名叫「半線」，是原住民對當地的稱呼，也是原住民獵鹿的地區。原始的土地和工具，加上不同宗族移民之間的競爭，以及漢人和原住民時有衝突，可想見

工程有多麼艱鉅。沒錯，施世榜總共耗費了十年，才在西元一七一九年完成水圳建設。

但是，完工並不代表完美，好不容易開鑿完成的水圳竟然引不到水！

施世榜百思莫解，於是對外徵才，尋找高手指點。最後出現了一位姓林的老先生，他告訴施世榜應該修改水圳的入水口，從現今彰化二林鄉地勢較高的鼻子頭一帶引水。另外，水往下流，水圳的路線必須由高而低方能流暢，林先生也傳授施世榜技法，讓他能更精確的判斷地勢高低。最後他還教了一件重要的事：築壩攔水的工藝。這種攔水的壩體由竹子編織而成，形狀像個中空的角，裡面可填裝石頭，叫做「筍」。把做好的筍成排羅列在河流中央，可攔阻溪水，讓水位升高而流入圳道之中。

費盡千辛萬苦，濁水溪水終於嘩啦嘩啦流入水圳之中，奔向廣大的彰化平原。由於是施家所建，名為「施厝圳」，灌溉了一萬一千多甲土地，其中施家的土地就占了五千多甲。

施厝圳的完成讓彰化平原成為臺灣重要的米倉，也讓施家成為臺灣鉅富。至於林先生，為善不欲人知，不僅未留下名號，還辭謝了施世榜提供的報酬。世人感念他的恩澤，特別在二水興建了林先生廟，至今留存，就在現今的源泉火車站附近。

跑水為哪樁？

施厝圳建成之後，為了感念林先生的義舉，村民每年都會在水圳入口處祭拜，並派幾名身手矯健的引水人，頂著三牲四果等祭品進入水圳，等良辰吉時一到，開水門，引水人就要快跑，免得被水追上。這項活動稱為「跑水」，相當刺激，也相當危險。

現在，跑水節多在十一月舉辦，剛好是秋收及二水白柚盛產的季節，同時擴大舉辦各式活動，而為了安全，水圳的水位也會控制在膝蓋以下。

物換星移，移民的腳步不曾停歇。彰化平原上的水圳陸續擴大開鑿，因為可灌溉的地區擴及當地八個「堡」——大概是鄉鎮的意思，後人改以「八堡圳」稱呼施厝圳，並納入了後來興建的其他圳道。

遊走一趟彰化，你會發現八堡圳依舊暢流，歷經日治時代和臺灣政府的整治，它更加堅固，灌溉區域也進一步擴大。三百年前由土渠竹籠打造的水圳已面貌一新，難以想像古老的風味，但二水每年舉辦的跑水節，仍然年年在林先生廟前祭祀，緬懷先人的恩澤。節慶結合馬拉松賽事，其中安排了三百公尺的涉水路段，讓民眾可親自進入八堡圳體會濁水清流的力量，在揮汗之中感念先人篳路藍縷的艱辛，並感謝他們帶來的農產豐饒。

瑠公圳

臺灣的水圳由南向北流，彰化米倉的形成造福不少人，也催促更多移民往北開墾，尋找更好的生活。

乾隆登基那年，西元一七三六年，彰化地區一位名叫郭錫瑠的閩南移民舉家北遷，往現今臺北市東區開墾土地，就在信義區、松山區一帶。為了讓開墾的田地有足夠的水源，郭錫瑠吃盡了苦頭，也展現了他移民拓荒的毅力與魄力。

貫穿臺北的河流有基隆河、新店溪、大漢溪，最後匯集成淡水河從臺灣西北角出海。距離信義區、松山區較近的河流為基隆河，但河水深，又是航運要道，無法築壩攔水灌溉，郭錫瑠只好沿著新店溪往源頭的方向探尋，一直找到青潭，才找到合適的水源。

今天的臺北車水馬龍，處處都是高樓大廈，從信義計畫區搭公車到新店碧潭，只需要一個小時左右。但回到兩百多年前的臺北，卻是個充滿沼澤的盆地，草木叢生，想要穿越，只能拿著刀，披荊斬棘，一步一步奮力向前。青潭位在碧潭附近，但離市區更遠、更深入山區，可說是翻山越嶺才能抵達。但找到水源之後，郭錫瑠還面臨兩大難題，一是鑿山引水，二是「讓水流過河」。

想從青潭引水，必須以人力鑿開山壁，一刀一斧鑿穿岩石，才能開通水路。工程本身已是萬分艱鉅，附近卻還有原住民不時發動襲擊，造成工人傷亡慘重。為了取得原住民的信任，郭錫瑠最後娶了一名原住民為妾，還雇用原住民為貼身護衛，努力在彼此之間搭起橋樑。

就這樣過了十幾年，郭家幾乎窮盡財力，通水之日卻仍遙遙無期。幸好新店地區的地主伸出援手，加入開圳的行列，才使得工程得以繼續。不過，想把新店溪的水繼續往北引，還會遇到一個阻礙：橫亙在前的景美

尋訪瑠公遺跡

有水的城市特別美，柳蔭潺湲的瑠公圳岸曾是過去臺北人共同的美麗記憶，同時陪伴了早期臺灣大學學生的青春歲月，只是隨著時代變遷，風華不再。為了重啟歷史記憶，臺灣大學約在二十年前展開了瑠公圳復原計畫，目前已經完工，醉月湖畔、生態池邊，以及校園內幾座小橋，都能見到復原的瑠公圳。大學附近的溫州街，也留有一段未加蓋的圳道，沿岸種植花草，景觀格外美麗。

溪。這就好比一條小路與一條大馬路交會，如果沒有天橋或地下道，來自小路的行人，會被大馬路的車流逼得只能向左走或向右走，遇到溪水的水圳也是如此，若避不開溪流，好不容易前行到此的灌溉用水，也會被強勢的溪水給帶走。

為了克服這個難題，郭錫瑠幫水圳蓋了給水用的橋，稱為「木梘」，以木材做成木槽引導圳水流過，以此連接溪流兩岸的圳道。後來他又在溪底挖地道，埋入一個個去底的水缸，彼此相連，讓兩岸的圳道能夠接續。

為了取水開墾田地，郭錫瑠真的是散盡家財、挖空心思，加上其他地主的幫忙，好不容易才把灌溉渠道建立起來，一七四〇年開工，一七六二年完工，前前後後總共花了二十二年！長度二十幾公里，灌溉了現今新店、景美、公館、大安，至信義、松山地區一千兩百多甲土地。世人感念郭錫瑠的貢獻，尊稱他為瑠公，他促成的水圳則稱為瑠公圳。這個水圳系統在臺北都市化之前，為土地服務了兩百多年。

很難想像吧！臺北大街曾是稻田綿延，水聲潺潺。飄有稻香的風，也曾在這個都會叢林的土地上穿流。如今，臺北已經都市化，水田不再，瑠公圳不是淤積，便是成了都市底下的暗渠，只留下幾個歷史遺跡，供人緬懷瑠公的遺澤。

曹公圳

清朝晚期，道光年間，中國苦於鴉片的進擊，原本靠茶葉、瓷器、絲綢從西洋人那裡賺取的大筆白銀，此時隨著鴉片外流，國庫日漸空虛。但有一位清官來到臺灣，從此豐潤了高雄地區的平原，讓百姓足食豐衣。這位地方官名叫曹謹，後人尊稱他為曹公。

根據史書記載，曹謹父親早逝，由寡母帶大，後來參加朝廷考試合格，開始在不同的地方擔任知縣——也就是縣長。曹謹當官的口碑佳，勤政愛民。每當有災情發生，他總是親自訪查，照顧有難的民眾，不時穩定物價、弭平盜賊。所到之處，深受愛戴。每每離任，民眾總是夾道送別。

道光十七年，西元一八三七年初，曹謹前來臺灣「鳳山縣」擔任知縣，治理現今高屏一帶。南臺灣的冬天雨水一向少，如果不幸遇上乾旱，等在前面的更是饑荒、盜賊四起。曹謹一上任，立刻開始四處探查，他發現縣內田地不少，但大多是旱地，依賴埤塘蓄水灌溉，並沒有水利建設。想要降低乾旱的影響，充實米倉，最要緊的是建設水圳系統。若能從水量豐沛的高屏溪引水灌溉，缺水的困境並不是難題。

但錢從哪裡來？身為一位簡樸的公職人員，可想見曹謹沒有大筆資金，另一方面，要獲得上級或朝廷的贊助也很困難，而且工程如果不幸失

開圳傳說

曹公圳的建設雖然造福鄉里，但古老的社會講究風水地理，開山鑿地難免引發議論，也因此留下一些有趣的傳聞。傳說當年開鑿曹公圳時，現今澄清湖附近有一段水路怎麼挖也挖不通，每天一早工人前來，總發現前一天好不容易開挖的渠道，竟然全又填平了。曹公明查暗訪之下，發現他們鑿到了一處「龍喉穴」，住在裡面的一對神龍母子，擔心土地開挖後無法安居，於是全力阻撓。曹公知道後，準備了黑狗血和銅針，灑在龍喉穴上，破解龍母的法術，才終於開通水路。

敗，可是要丟官的。但曹謹憑著他知縣的身分，號召仕紳、民眾一起投入開鑿水圳的行列。當年秋天，工程開工，隔年冬天，水圳完工，交由民間自行管理。

有了水，作物豐收，連帶盜賊問題也一併解決了。感念曹謹的貢獻，這個水圳系統以曹公為名，稱為「曹公圳」。

由於政績卓越，不到幾年時間，曹謹就升官了，改往北臺灣就任。卸任之前，南部再度發生旱災，原本打造的水圳不敷使用，於是曹謹交待後輩擴大建設水圳系統，讓無水之處有水可用。前前後後因為曹公打造而成的水圳共達九十條，可灌溉四千多甲土地。此後，即使遭逢乾旱，透過圳道系統調撥用水，大多可度過缺水的難關。

曹公遺澤歷經一百七十多年，依舊在高雄地區暢流，是南臺灣重要的灌溉系統，更成了美化城市的水岸渠道。圳道蜿蜒，流水可見，大多增添了牢固的水泥石塊，但有幾段仍保留土渠的古味，如小溪般穿流過草坡、竹林樹叢，彷如百年前的風貌。

古老的水門已由抽水站取代，但遺跡依舊豎立在九曲堂，曹謹當年取水的高屏溪一帶。水門之上，「曹公圳」石碑穩穩伏貼著，百年前曾照看鳳山百姓，今日仍照拂著大高雄地區的市民。

懷念曹公

曹公深受鳳山地區民眾景仰，當地許多地方能見到「曹公」二字，從鳳山車站前的曹公路，到曹公路上祭拜曹謹的曹公廟，還有曹公里、曹公國小。曹公國小裡還有一棟百餘歲的曹公大樹！

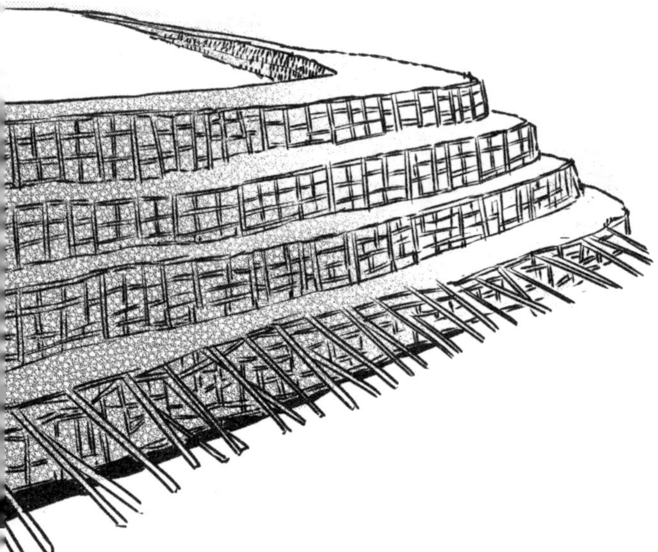

臺灣第一大圳

時間快轉，來到滿清末年，西洋船堅砲利橫掃東洋，中國戰亂四起。西元一八九五年，甲午戰爭結束，中日簽訂馬關條約，臺灣改由日本殖民統治。

語言既不相通，文化也不相同，軍國主義的日本殖民政府帶來高壓統治，但另一方面，也為臺灣引進了日本在明治維新之後，向西洋取經得來的新技術。地處亞熱帶的臺灣，氣候溫暖，擁有稻米、甘蔗等重要作物，若能好好經營，將可提供日本更多的米糖糧食，也難怪日本政府會提出「工業日本，農業臺灣」的政策。

如何做呢？首先，日本對臺灣進行了全面調查，陸續把舊有的水圳、埤塘整體管理，接著引入新的工程技術，在臺灣建造水庫，開闢規模更大、更全面的灌溉系統，其中最具代表性的，就是嘉南大圳！

嘉南大圳正如其名，灌溉了嘉南平原，位在臺灣島西南方。如果你曾搭火車經過雲林、嘉義、臺南、高雄一帶，大概會對那一望無際綠油油的

嘉南大圳之外

日治時期是臺灣水利建設的全盛時期，除了規模宏大的嘉南大圳與烏山頭水庫，臺東最大的水利工程卑南大圳、可灌溉兩萬多甲土地的桃園大圳、中部的日月潭水庫，也都在二十世紀前半葉完成。還有臺中新社地區的白冷圳，是利用倒虹吸管的原理，讓水由下往上流過山頭；屏東來義鄉的二峰圳，則以地下水庫的方式收集河床下方的伏流水，水質清澈，且不易受乾旱影響。

稻田印象深刻，這裡是臺灣面積最大的平原。回到百年前月黑風高的夜，展望那遼闊的平原，或許會有杜甫筆下「星垂平野闊」的感歎，但可惜的是，這裡沒有「月湧大江流」。

臺灣河流多半又短又急，南部雨量集中在夏季，每遇颱風或西南氣流旺盛，甚至有洪水之虞，但到了冬天，進入枯水期，又常發生缺水的乾旱。因此嘉南平原雖然廣闊，卻大都是旱地，每遇乾旱就風沙飛揚，沿海地區更有鹽害。如何到了今天，有一塊塊翠綠水田，成了臺灣的大米倉？

關鍵人物是八田與一。

西元一九一〇年，剛自東京帝國大學土木科系畢業不久的八田與一，年僅二十四歲。他懷抱著以工程技術造福人類的滿腔熱情來到臺灣，一開始的工作是從臺灣尾走到臺灣頭，到各地進行土地調查，後來又負責到各地找尋合適蓋水庫、發電廠的地點。

工作期間，他曾走訪嘉南平原，發現這塊土地如此平坦廣闊，卻缺乏水利建設。一天，他半路口渴，想跟村民討杯水喝，沒想到一等就是兩個時辰，因為苦旱季節裡就連水井都乾了，想要取水，得到遠方的溪流邊。

八田與一的家鄉在日本石川，早在四百多年前就建設了灌溉水圳，是重要的稻米產區；故鄉綠油油的稻田和眼前荒漠一般的土地，形成強烈對比。

工程的目的，不就是帶給人們更幸福的生活嗎？這段巧遇，激勵八田與一在嘉南平原造圳的大志。於是他開始擘畫藍圖，計劃從濁水溪引水灌溉平原北邊，更大的企圖是，在臺南官田溪的上游溪谷打造一座水庫，這樣一來，平原南邊更大的面積才能得到足夠的水源。

只是官田溪的水量並不充沛，如何打造水庫？八田與一心中的水庫預定地在烏山頭山谷，旁邊有座小小的烏山嶺，隔著烏山嶺，是臺灣第四大河川曾文溪的上游。如果能取得曾文溪的水，烏山頭就能成為一座很棒的水庫。但隔山取水怎麼可能呢？可能，只要把烏山嶺打通！

西元一九一七年，八田與一向長官提出嘉南平原的灌溉計畫，但一直到三年後，計畫才正式獲得日本政府同意。只是嘉南地區的農民一開始並不支持，因為灌溉區域實在太大了，將近十五萬甲土地，不可能家家戶戶都有足夠的用水。為了讓農民得到公平的對待，八田想出「三年輪作給水法」，把土地分成三區，三年一個輪次，每區每年分別輪流耕種稻米、甘蔗、雜糧。

如此一來，能有效限制最需要用水的稻田面積，農民也能獲得公平的

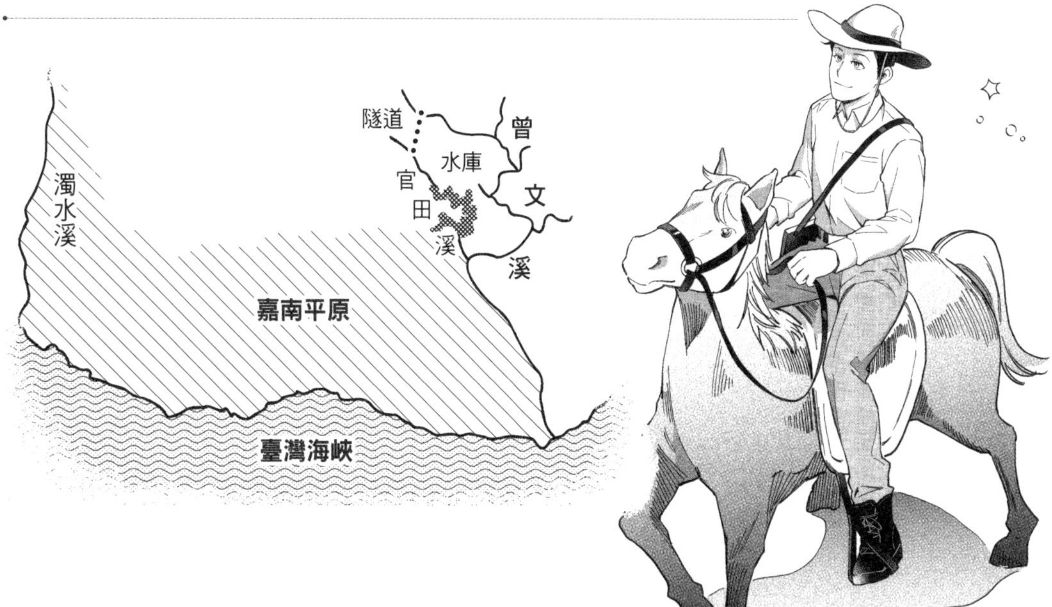
濁水溪
嘉南平原
臺灣海峽
隧道
曾文溪
水庫
官田溪

耕種機會，並使每一塊土地輪流灌溉大量的水，土質可平均獲得改善。

八田與一打通一個又一個關卡，嘉南大圳的工程總算開工了！他又從美國、德國進口大型機具，像是蒸汽挖土機、載運砂石的火車，都是當時臺灣人從未見過的。

機具叩隆叩隆響個不停，砂石黏土一車又一車，從溪谷邊緣倒入水庫預定地，噴水、填實，最後請來好多水牛在水庫底部不停踩踏，讓沙石黏土緊緊黏合，成為結實的底部，水庫才不會漏水崩塌。

接下來，是最困難的隧道工程，要把烏山嶺打穿一個超過三公里長的洞。但隧道工程開工不久，就遇上瓦斯外漏的爆炸事件，主工程師和工作人員共計五十多人，在這起爆炸中犧牲！工程暫停，八田與一自責得幾乎無法再工作。好不容易克服挫折，工程復工，卻沒想到屋漏偏逢連夜雨，日本東京發生大地震。臺灣大量物資都送往日本救災，烏山頭水庫工程資金短缺，只能留下半數員工繼續努力。

烏山頭工程一波三折，但環境雖然艱苦，八田與一仍然帶領團隊勉力向前，花了七個年頭，最後才終於把烏山嶺打穿。曾文溪的水汩汩的流過

隧道，由烏山嶺東流向嶺西，匯集在烏山頭山谷，形成一個宛如珊瑚形狀的水區。

一九三〇年，烏山頭水庫完工了。水門一開，流水呀，貫穿了嘉南平原的十五萬甲土地。從開工到完工，農民整整十個年頭的等待，總算得到滋潤！臺灣完成了當時亞洲第一、世界第三大的水庫，據說光是水庫設計圖就有七百多張；嘉南大圳更是當時全亞洲規模最大、技術最新的水利設施，給水道加上排水道總共長達一萬六千公里，可以繞行臺灣十三圈。

嘉南大圳除了灌溉、改良土地，還兼具調節水流的防洪功效，解決當地三大問題，並使稻米收成增長數倍，甘蔗產量也倍增，土地價值上漲，不僅造服人民，也豐富了政府的稅收。

但浩大艱難的工程也奪走了一百三十四條寶貴的生命。八田與一為此在水庫旁豎立了殉工碑，將殉職人員的名字，依照犧牲時間的先後順序刻在碑上，不分日本人或臺灣人。殉石碑上留有八田與一的一段話：

如果曾文溪水慢慢的還是在流，
你們的英靈永遠和烏山頭水庫一起，
照映著整個嘉南平原。

八田與一本人與夫人的墓地也坐落在附近，還有八田的雕像，以他慣常沉思的姿態遙望著烏山頭水庫。

直到今天，曾文溪水依舊在嘉南大圳裡穿流，灌溉著嘉南平原。火車窗外那擠入滿眼的綠，正是前人英靈照映下所發出來的芽。

工程，真的能帶給人們幸福！

永留臺灣

八田與一墓旁的雕像，是當年烏山頭水庫完工後不久，當地農民為了表達對他的尊敬，主動合資請人打造而成。銅像採取可親的坐姿，看似一手支著頭的八田與一其實是在捲頭髮，那是他為人熟知的沉思姿態。

稻米年表

年代	臺灣稻米事紀	重要事紀
1602 年	陳第著作《東番記》，描述原住民部落的農耕狀況。	
		1624 年 荷蘭人來臺
1635 年	荷蘭人鼓勵種稻，大批漢人移入臺灣、發展農業，聚居在現今的臺南地區。	
1662 年	鄭成功實施屯田制度，寓兵於農，以種稻為重。	1662 年 明鄭時期開始
		1683 年 清治時期開始
1709 年	施世榜開始建設八堡圳，歷時 10 年完工。臺灣耕作方式從旱作轉為以水田為主。	
1740 年	瑠公圳開工，引新店溪水灌溉臺北盆地，歷經 22 年完工。	
1837 年	曹公圳開工，引高屏溪水灌溉高雄地區，兩年後完工。	
		1894 年 中日甲午戰爭
		1895 年 日本統治時期開始
1898 年	日本人推動「工業日本，農業臺灣」的殖民政策，進行農業開發。	
1910 年	磯永吉來臺，任職於總督府農事試驗場，研究在來米。	
		1918 年 第一次世界大戰結束
1919 年	末永仁發現日本稻種的抽穗時間特別早。	
1920 年	嘉南大圳開工，歷時 10 年完工。	
1923 年	竹子湖成為日本稻的原種田，日本稻在臺灣落地生根。	
1925 年	舊高等農林學校作業室（現今的磯小屋）落成。	
1926 年	召開第 19 屆大日本米穀大會，將臺灣米取名為「蓬萊米」。	
1936 年	臺中 65 號登記推廣。	
		1945 年 第二次世界大戰結束
		1949 年 國民政府來臺
1950 年	政府致力推廣農業機械化。	1950~60 年代 綠色革命
1959 年	張德慈任職於「中國農村復興聯合委員會」（現今農業委員會的前身），進行水稻育種。	
		1960 年 國際稻米研究所成立
1961 年	臺中在來 1 號正式在臺灣推廣。 張德慈前往國際稻米研究所工作，也將臺中在來 1 號引入印度試種。 臺灣工業產值超過農業，農村勞力大量外流。	
1966 年	張德慈與國際稻米研究所的育種家，利用臺灣稻種低腳烏尖與熱帶品種雜交，育成奇蹟之稻 IR8。	
1975 年	高雄 139 號登記推廣。	
1993 年	國家作物種原中心成立。 余淑美與學生成功突破水稻轉殖技術。 臺稉 9 號登記推廣。	
1995 年	政府開始推廣有機栽培，以耕作、輪作方式，發揮永續農業的概念。	
		2002 年 臺灣加入世界貿易組織
2004 年	余淑美開始建置「臺灣水稻突變種原庫」。	
2009 年	臺中 194 號登記推廣。	
2012 年	臺南 16 號登記推廣。	
2015 年	「臺灣水稻突變種原庫」完成，包含十萬多個突變株和六萬筆突變基因資料，成為國際水稻研究的重要資源。	

臺灣稻米奇蹟

漫畫／夜未央 MiO
內容企劃／張容瑱
稻米學習館／陳雅茜、盧心潔

出版六部總編輯／陳雅茜
資深編輯／盧心潔
美術設計／趙　璦
特約行銷企劃／張家綺

圖片來源／ p4 上圖 © 許龍欣；p4 左圖、p5 左下圖、p6 左二圖、p7 中圖 ©Wikimedia Commons；p4 右上圖 ©flickr/IRRI；p4 右下圖 © 農試所作物組稻作研究室；p5 右上圖 ©Lafayette Digital Repository ；p5 右下圖 © 彰化縣文化局；p5 左中圖 © 農田水利署雲林管理處；p6 右上圖、p7 最上圖 © 磯永吉學會；p6 右中與下圖 © 磯永吉小屋／劉建甫；p7 下二圖 © 農委會農業試驗所；p7 最下二圖 © *C. R. Biologies,* vol.338(7), 463–470(2015), Parisa Aziz et al.

發行人／王榮文
出版發行／遠流出版事業股份有限公司
地址：臺北市中山北路一段 11 號 13 樓
電話：02-2571-0297　傳真：02-2571-0197　郵撥：0189456-1
遠流博識網：www.ylib.com　電子信箱：ylib@ylib.com
著作權顧問／蕭雄淋律師

ISBN ／ 978-957-32-9363-7
2021 年 12 月 1 日初版

定價・新臺幣 280 元

臺灣稻米奇蹟 / 夜未央 MiO 漫畫 . -- 初版 . -- 臺北市 : 遠流出版事業股份有限公司 , 2021.12
面； 公分
ISBN 978-957-32-9363-7（平裝）
1. 稻米 2. 漫畫 3. 臺灣

434.111　110018396